ÖKOLOGIE

W0191940

Torsten Mertz, 1969 in Köln geboren, studierte Geographie in Köln, Bonn und Trier. Er arbeitet als Redakteur mit Schwerpunkt Umwelt und Nachhaltigkeit in München.

ÖKOLOGIE

Torsten Mertz

DUMONT

Impressum

Umschlagvorderseite von links nach rechts und von oben nach unten:
Armut ist häufig die Ursache von Umweltproblemen – und umgekehrt (PhotoCase.com) / Extreme Trockenheit (picture-alliance) / Gletscher (Spektrum der Wissenschaft) / Korallenriffe gehören zu den artenreichsten Lebensräumen der Erde (Greenpeace) / Greenpeace im Einsatz gegen genetisch veränderte Pflanzen (Greenpeace) / Typische Getreidewildkräuter unserer Äcker: Klatschmohn und Kornblume (www.oekolandbau.de) /

Umschlagrückseite von links nach rechts:
Moderne Müllverbrennungsanlage (Bundesumweltministerium) / Verschiedene Maissorten (Archiv oekom Verlag)

Frontispiz:
Eine wichtige Säule des Naturschutzes ist der Gebietsschutz.

Meiner Tochter Ronja und allen anderen Kindern, deren Lebensqualität davon abhängt, wie wir heute und morgen mit der Umwelt und den Menschen in allen Teilen der Erde umgehen.

Bibliographische Information der Deutschen Bibliothek:
Die Deutsche Bibliothek verzeichnet diese Publikation in der Deutschen Nationalbibliographie; detaillierte bibliographische Angaben sind im Internet über http://dnb.ddb.de abrufbar.

Originalausgabe
© 2006 DuMont Literatur und Kunst Verlag, Köln
Alle Rechte vorbehalten
Druck: Rasch, Bramsche
Buchbinderische Verarbeitung: Bramscher Buchbinder Betriebe
Printed in Germany
ISBN 10: 3-8321-7638-1
ISBN 13: 978-3-8321-7638-9

Inhalt

Vorwort

In der Wüste von Arizona begann 1991 ein Experiment: Wissenschaftler versuchten eine Miniaturausgabe der Erde zu erschaffen. Das Projekt »Biosphäre 2« war ein ausgeklügeltes Zusammenspiel von Natur und Technik, mit dem Ziel, eine Basis für eine Besiedelung des Weltraums zu entwickeln – und möglicherweise Rettungsinseln für den Menschen. Doch der Versuch, das komplexe Ökosystem Erde zu kopieren, scheiterte.

Bislang ist der Mensch trotz allen technischen Fortschritts nicht in der Lage, die lebenserhaltenden Funktionen der Umwelt zu kontrollieren. Zugleich aber ist er dabei, seine Lebensgrundlagen dauerhaft zu verändern. Er hat seine Fähigkeiten perfektioniert, die Ressourcen der Natur zu seinem Vorteil zu nutzen. Dabei vergisst er, dass die Umwelt nur in begrenztem Maße fähig ist, Schädigungen zu tolerieren. Bereits in historischen Zeiten hat die Übernutzung der Umwelt zu ökologischen und somit menschlichen Katastrophen geführt. Heute hat das Ausmaß der Umweltzerstörung eine globale Dimension angenommen. Ein Verhalten, das im Laufe unserer Evolution offensichtlich von Vorteil war, ist durch den technischen Fortschritt und die große Bevölkerungszahl zur ernsthaften Bedrohung unserer Existenz geworden.

Ökologie ist daher schon lange kein »weiches« Thema mehr, mit dem sich nur ängstliche Gutmenschen beschäftigen. Dass sich die menschliche Gesellschaft an den Spielregeln und Grenzen des Ökosystems Erde zu orientieren hat, wird mittlerweile auch in vielen Unternehmen akzeptiert. Weil Politik und Wirtschaft seit den 1970er Jahren – vor allem technische – Gegenmaßnahmen ergriffen haben, ist der Himmel wieder blau, wächst der Wald weiter, kehren einige Fische zurück in die Flüsse. Wie es scheint, sind die vielfach kritisierten Untergangsszenarien der frühen Warner in der Tat nicht eingetreten. Bei uns in Mitteleuropa zumindest. In vielen Teilen der Welt allerdings sieht es ganz anders aus. Hinzu kommt, dass eine Vielzahl von Bedrohungen und Veränderungen sinnlich gar nicht erfassbar ist. Dabei sind die sich andeutenden Katastrophen von nie dagewesenem Umfang. Man denke nur an das sich wandelnde Klima, das rasante Schrumpfen der tropischen und nördlichen Wälder, die Zerstörung der lebensnotwendigen Böden oder die nahezu leergefischten Meere.

Wenn wir uns mit den ökologischen Aspekten des Lebensraums Erde befassen, so betrachten wir einen winzigen Ausschnitt aus der Geschichte dieses Planeten. Dieser Ausschnitt wird bestimmt durch den Eingriff des Menschen in die Natur. Ökologie ist heute auch und vor allem eine gesellschaftliche und politische Disziplin. Sie ist eng verknüpft mit Fragen der Gerechtigkeit: Gerechtigkeit zwischen den Generationen, zwischen Industrie- und Entwicklungsländern und zwischen armen und reichen Gesellschaftsgruppen. Dies macht das Thema erheblich komplexer als es aus naturwissenschaftlicher Sicht schon ist. Aber auch unglaublich spannend. Denn alles hängt mit allem und jedem zusammen.

Aus diesem Grund legt dieses Buch seinen Schwerpunkt auf die Wechselwirkungen zwischen Mensch und Umwelt. Lediglich der erste Teil dient dazu, mit den wichtigsten naturwissenschaftlichen Grundlagen der Ökologie vertraut zu machen. Sie sind notwendig, um die Auswirkungen des menschlichen Eingreifens in die Umwelt zu verstehen. Der zweite Teil bringt den Menschen ins Spiel und skizziert seine Einflüsse als Gestalter und Zerstörer der Natur. Ins Detail geht der dritte Teil: Er beschreibt den Zustand der wichtigsten Lebensgrundlagen und Lebensräume der Erde. Der vierte Teil wirft einen kritischen Blick auf die entscheidenden Bedürfnisfelder und Handlungsbereiche des Menschen, stellt die wichtigsten Probleme und mögliche Lösungen vor.

Das System Erde

Soweit wir bis heute wissen, leben wir auf einem Planeten, der einzigartig ist im Universum. Diese Einzigartigkeit wird bestimmt durch die Lufthülle der Erde (Atmosphäre), das Wasser (Hydrosphäre) und den Boden (Pedosphäre). Nur durch diese drei Medien – und ihre Wechselwirkungen – wurde die Entwicklung des Lebens auf der Erde möglich. Mit anderen Planeten gemeinsam hat die Erde den Gesteinskörper, die Lithosphäre. Diese vier Sphären beschreiben die unbelebten, natürlichen Grundlagen der Biosphäre, den von Leben erfüllten Raum der Erdkugel. Einzelne auf diese Lebenswelt einwirkende natürliche Umweltfaktoren sind beispielsweise die Sonneneinstrahlung, Wasser- und Nahrungsangebot für Pflanzen und Tiere sowie Feinde oder Konkurrenten.

Hinzu kommen vom Menschen ausgehende, so genannte anthropogene Umweltfaktoren (von griech. *anthropos*, Mensch). Das sind zum einen solche, die es ohne das Zutun des Menschen gar nicht gäbe, beispielsweise synthetisch (künstlich) hergestellte Chemikalien. Zum anderen greift der Mensch verändernd

Die Erde aus dem Weltall betrachtet
Die Erde hat, wie alle Planeten, annähernd die Form einer Kugel. Durch die Fliehkräfte ihrer ziemlich schnellen Rotation (Drehung) ist sie an den Polen geringfügig abgeplattet. Der Äquatorumfang ist dadurch mit 40.075 km um 134 km (etwa 0,34 %) größer als der Polumfang. Der Poldurchmesser beträgt 12.713 km, der Äquatordurchmesser 12.756 km. 71 Prozent der Erdoberfläche sind von Wasser bedeckt.

ein, indem er Holz schlägt, Wiesen mäht oder Feuchtgebiete entwässert, Dünger ausbringt, Flächen bebaut, fischt oder jagt. Der vom Menschen bewohnte, gestaltete oder beeinflusste Bereich der Biosphäre wird Anthroposphäre genannt.

Hier wird bereits deutlich, wie komplex der Lebensraum Erde ist. Er ist nur zu verstehen, wenn man die Erde als System, also im Zusammenwirken aller Komponenten betrachtet.

Atmosphäre: die globale Klimaanlage

Die lebensfreundlichen Bedingungen auf der Erde sind vornehmlich der Atmosphäre zu verdanken. Sie enthält nicht nur den für die Atmung der Pflanzen, Tiere und Menschen notwendigen Sauerstoff. Sie sorgt auch über den so genannten natürlichen Treibhauseffekt für die günstigen Temperaturbedingungen, dank deren das Wasser auf der Erde zu über 98 % in flüssiger Form vorliegt. So konnten sich die Ozeane und das Süßwasser der Landgebiete bilden.

Sonnenlicht
Das Licht der Sonne ist die als Wärme und Licht sinnlich erfahrbare Energiequelle allen Lebens.

Die Zusammensetzung der Atmosphäre unterscheidet sich deutlich von der aller anderen Planeten in unserem Sonnensystem. Ihre Hauptbestandteile sind Stickstoff (78 %) und Sauerstoff (21 %). Dazu kommen Wasserdampf, Kohlendioxid und Edelgase, in Spuren weitere Gase wie Ozon, Methan und Lachgas sowie kleine schwebende Teilchen (Aerosole).

Die Atmosphäre ist rund 80 km mächtig. In ihrer untersten Schicht, der Troposphäre, die bis in eine Höhe von 10 bis 15 km reicht, findet das Wettergeschehen statt. Hier nimmt die Temperatur mit der Höhe ab und hier findet der globale Austausch von Energie und Wasser statt.

Das Klima der Erde insgesamt

ist ebenso wie das Wettergeschehen im Einzelnen nahezu vollständig ein Ergebnis der Sonnenstrahlung. Ohne die Energiezufuhr sind alle Prozesse und Lebensvorgänge auf der Erdoberfläche undenkbar: Die Erde wäre ein kalter, toter Planet. Über verschiedene Arten der Strahlung trifft die Energie der Sonne auf die Erde: 10 % der Strahlungsenergie treffen als kurzwellige ultraviolette (UV-)Strahlung auf die Erde, 45 % sind sichtbares Licht und weitere 45 % unsichtbare, langwellige Infrarotstrahlung (Wärmestrahlung). Nur die Hälfte der Energiemenge erreicht die Erdoberfläche. Ein gutes Drittel wird durch Luftpartikel gestreut und von den Wolken und der Erdoberfläche in den Weltraum zurückgeworfen. Das restliche Sechstel schluckt die Atmosphäre, die sich dadurch erwärmt.

Auch die Energie, welche die Erde – als kurzwellige Strahlung – an ihrer Oberfläche aufnimmt, gibt sie als Wärmestrahlung wieder an die Atmosphäre ab. Dies erfolgt direkt als langwellige (Wärme-)Strahlung oder indirekt über Verdunstung des Wassers (Wärmeaufnahme an der Erdoberfläche) und Wolkenbildung (Wärmeabgabe in der Atmosphäre). Von der Atmosphäre wird ein Teil der Wärme wiederum auf die Erde zurückgestrahlt. Sie wirkt somit wie die Scheiben eines Gewächshauses, die die Wärme hinein-, aber nicht mehr vollständig herauslassen. Für diesen natürlichen Treibhauseffekt sind unter anderem Wasserdampf,

Strahlung zwischen Sonne und Erde
Die kurzwellige Strahlung der Sonne (gelbe Pfeile) gelangt als direkte Strahlung (DS), als gestreutes Sonnenlicht (D) und als durch die Wolken dringende Sonnenstrahlung (WS) bis zur Erdoberfläche. Von dort wird sie zum Teil durch die Bodenreflexion (BR) zurückgeworfen. Einen Teil der Sonne absorbiert die Atmosphäre (A), einen weiteren reflektieren die Wolken (WR). Die von der Erde ausgehenden langwelligen Wärmeströme (rote Pfeile) gliedern sich in die Ausstrahlung der Erdoberfläche (AS) sowie die Ausstrahlung (AUS) und die Gegenstrahlung (GS) der Erdoberfläche.

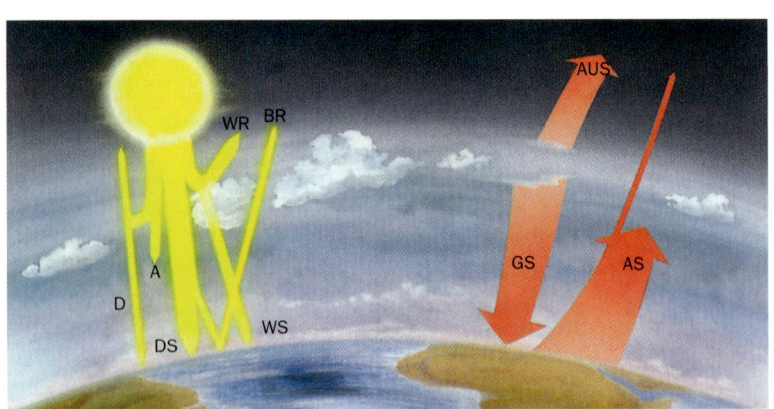

Farbstoff
Das Blau des Himmels und farbenprächtige Sonnenauf- und -untergänge machen die Atmosphäre sichtbar. Der Himmel erscheint blau, da der kurzwellige blaue Anteil des Sonnenlichtes von den Bestandteilen der Luft stark gestreut wird. Das blaue Licht erreicht uns so aus allen Richtungen des Himmels. Morgens oder abends verfärbt sich der Himmel rötlich. Dann muss das Licht wegen des tiefen Sonnenstands einen längeren Weg durch die Atmosphäre zurücklegen. Die roten, langwelligen Strahlen kommen am besten durch.

Kohlendioxid und Staub sowie einige Spurengase (Methan und Lachgas) verantwortlich.

In der Stratosphäre, der Atmosphärenschicht, die oberhalb der Troposphäre bis 50 km Höhe reicht, befindet sich die für das irdische Leben wichtige Ozonschicht: Sie reduziert die ultraviolette Strahlung der Sonne auf ein unschädliches Maß.

Hydrosphäre: Lebens- und Transportmittel Wasser

Die Erde ist ein Wasserplanet. In den Urmeeren entstand das irdische Leben. Dort blieb es, bis die Atmosphäre sich so weit entwickelt hatte, dass das Land besiedelt werden konnte. Die Körper der Lebewesen bestehen noch heute zu einem großen Teil aus Wasser: Algen und Quallen bis zu 98 %, Landpflanzen (Blätter) zu 80–90 %, Landsäugetiere zu 60–70 %. Für alle Organismen ist Wasser das wichtigste Lebensmittel nach dem Sauerstoff. Wasser ist Strukturbestandteil, Lösungs- und Transportmittel, Reaktionspartner und Medium für den Wärmehaushalt.

Die aquatischen Ökosysteme sind nach Flächenanteilen, aber vor allem nach räumlicher Ausdehnung der weitaus größte Ökosystemkomplex. Dieser umfasst Meere und Binnengewässer. Die Meere bedecken 71 % der Erdoberfläche; ihr Wasser ist durch einen hohen Gehalt gelöster anorganischer Stoffe (Salze) gekennzeichnet. Binnengewässer machen von der Fläche her

Quelle des Lebens
Im Wasser der Ozeane entstand das Leben. Noch heute bestehen die Körper der Lebewesen zu einem großen Teil aus Wasser.

Auf der Reise
Die Wolken sind eine sichtbare Station des globalen Wasserkreislaufes. Mit dem Wasser werden auch Energie, Nähr- und Schadstoffe transportiert.

ca. 0,5 % der Erdoberfläche aus (knapp 2 % des Festlandes). Dazu gehören fließende und stehende oberirdische sowie unterirdische Gewässer (Grundwasser, Höhlengewässer).

Ein Wassermolekül kann heute in einer Pflanze, morgen in einer Wolke und übermorgen in einem Ozean, einem Bach, einem See oder im Boden sein; immer ist es Teil der Hydrosphäre. Der Wasserkreislauf lässt sich als riesiger Reinigungskreislauf auffassen – angetrieben von der Energie der Sonne. Verdunstung und nachfolgende Kondensation stellen einen natürlichen Destillationsprozess dar, der das Wasser von allen Inhaltsstoffen – etwa Salzen – befreit. Dabei wird aus Salzwasser wieder Süßwasser.

Der irdische Wasservorrat wird auf rund 1.400 Millionen Kubikkilometer (km^3) geschätzt. 96,5 % davon sind Meerwasser, lediglich 2,5 % Süßwasser; der Rest ist binnenländisches Salzwasser, das zumeist als Grundwasser vorliegt. Die Süßwassermenge von 35 Millionen km^3 verteilt sich auf Polareis, Gletschereis und Schnee (69,5 %), Grundwasser (30 %), Süßwasserseen (0,26 %) und Flüsse (0,006 %), die Atmosphäre (0,04 %), Bodenfeuchte (0,05 %), Moore und Sümpfe (0,03 %) sowie Lebewesen (0,003 %). Jährlich verdunstet eine vergleichsweise winzige Menge von 500.000 km^3; lediglich 111.000 davon fallen als Niederschläge auf das Land zurück, der Rest geht über den Meeren nieder.

Für den Wärme- und Nährstoffhaushalt der Erde ist Wasser das entscheidende Medium: Wärmeenergie wird durch Wassermoleküle von den intensiv bestrahlten Zonen der niederen geographischen Breiten nahe dem Äquator in höhere Breiten (in Richtung der beiden Pole) transportiert – über Luft- oder Meeresströmungen. Mit dem Wasser reisen zugleich Stoffe; in gelöster Form oder als feine Partikel. Gelöst können sie von Pflanzen aufgenommen werden.

Pedosphäre: der Boden, die kostbare Haut der Erde
Die Erdkruste, also der Gesteinsmantel der Erde, wird als Lithosphäre bezeichnet. Sie besteht aus über 30 km dicken Festlandsplatten und 5 bis 10 km mächtigen Ozeanplatten, die auf dem zähflüssigen, glühenden Erdmantel schwimmen. Die Lithosphäre bildet das unbelebte Ausgangsmaterial für die belebte Pedosphäre – den Boden – und ist der Vorratsraum einer Vielzahl chemischer Elemente. Böden sind wenige Millimeter bis viele Meter mächtig und bieten der Pflanzenwelt und vielen Tieren und Mikroorganismen Nährstoffe, Wasser und Lebensraum. Sie entstehen als Ergebnis des jahrtausendelangen Zusammenwirkens physikalischer, chemischer und biologischer Faktoren aus dem Ausgangsgestein oder Sedimenten (Ablagerungen) und organischen Rückständen (Resten und Umwandlungsprodukten abgestorbener Pflanzen und Tiere). Der Prozess, der Gesteine und Minerale zerlegt und verändert, wird Verwitterung genannt. Eine Vielzahl von Kräften sind daran betei-

Bodenprofil
Durch Abbau-, Aufbau- und Umlagerungsprozesse entstehen Böden aus dem Ausgangsgestein heraus. Typische Horizontabfolgen (Profile) lassen Rückschlüsse auf die bodenbildenden Faktoren zu.

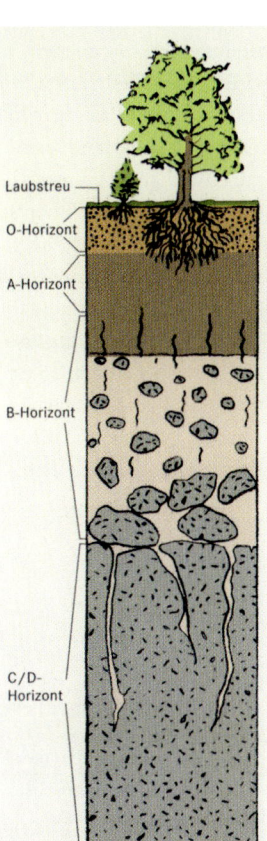

Laubstreu

O-Horizont — Oberboden mit hohem Gehalt an organischen Substanzen

A-Horizont — Boden mit hohem Gehalt an Tonmineralien und unlöslichen Mineralien; die löslichen Mineralien sind herausgelöst

B-Horizont — geringer Gehalt an organischer Substanz, die im A-Horizont gelösten Mineralien werden ausgefällt

anstehendes Gestein, aufgelockert und verwittert

C/D-Horizont

ligt: extreme Temperaturen und Temperaturwechsel, in Wasser gelöste Basen und Säuren sowie Pflanzenwurzeln. Von der Oberfläche zum Gestein in der Tiefe hin weist der Boden unterschiedliche Horizonte auf, die sich durch chemische und physische Eigenschaften, Farbe und Mächtigkeit unterscheiden.

Im Boden findet sich die größte Dichte an Lebewesen überhaupt. Die dort lebenden Organismen sind Säuge- und Kriechtiere, Würmer, Spinnen und Insekten sowie Mikrolebewesen wie Bakterien, Pilze und Algen. In den oberen 30 cm eines Quadratmeters Boden leben ungefähr 1 Milliarde Pilze und 100 Billionen Bakterien. Bodenfauna und -flora sind von wesentlicher Bedeutung für die dauerhafte Fruchtbarkeit des Bodens.

Hier läuft der größte Teil aller Prozesse ab, die das Leben auf der Erde im Fluss halten: die Aufnahme von Wasser und darin gelösten mineralischen Nährstoffen zum Wachstum ebenso wie die Wiederaufbereitung abgestorbener organischer Substanz zu den chemischen Grundbausteinen der Organismen. Die Abbauprozesse übernimmt eine unvorstellbar große Zahl von Bodenlebewesen: Mikroorganismen, Klein- und Kleinsttiere. 80 % der Boden-Biomasse – ohne Pflanzenwurzeln – machen die Mineralisierer aus; das sind Pilze und Bakterien. Bei der Zersetzung der organischen Substanz werden zahlreiche Zellinhaltsstoffe und Zellbestandteile in reaktionsfähige Spalt-, Zwischen- und Endproduk-

Bodentiere
Ihre Fruchtbarkeit verdanken die Böden der regen Aktivität einer riesigen Zahl verschiedenster Bodenlebewesen. Das Bild zeigt Springschwänze (Colembolen) in Komposterde.

te umgesetzt. Sie verwandeln sich in dunkel gefärbte organische Verbindungen, die Huminstoffe. Diese sind zusammen mit den aus der Gesteinsverwitterung entstandenen Tonmineralen für die Bodenfruchtbarkeit verantwortlich – für die Bereitstellung und Speicherung von Nährstoffen.

Biosphäre: Wandel, Stabilität und Vielfalt des Lebens

Die größte Besonderheit des Planeten Erde ist seine überaus reiche Vielfalt an Lebewesen. Über einen Zeitraum von mehr als 3 Milliarden Jahren (seit erste Mikroorganismen entstanden) haben sich aus Einzellern komplex organisierte Pflanzen und Tiere entwickelt. Die globale Artenzahl ist nicht bekannt. Schätzungen gehen von rund 10 Millionen Arten aus, von denen bisher allerdings erst gut 1,5 Millionen erfasst sind. Zurzeit existiert allerdings keine zentrale Datenbank für alle systematisierten Arten, sodass auch diese Zahl nur eine Vermutung ist.

Etwa 60 % der Biomasse unserer Erde besteht aus Mikroorganismen. Allein von ihnen gibt es schätzungsweise 2 bis 3 Milliarden Spezies. Die größte (unbekannte) Vielfalt verbirgt sich in den tropischen Urwäldern und Ozeanen. Generell nimmt die Zahl der Arten zum Äquator hin zu. Das gilt nicht nur für Insekten, Pflanzen und Landwirbeltiere, sondern auch für Meerestiere.

In der Natur bilden Organismenarten Populationen, die in ihren Lebensräumen (Biotopen) mit artfremden Populationen Lebensgemeinschaften (Biozönosen) bilden. Unter natürlichen Bedingungen entwickelt sich ein dauerhaftes, aber durchaus nicht statisches Beziehungsgefüge der Lebewesen untereinander und mit ihrem Lebensraum: das Ökosystem. Ökosysteme sind dynamisch und entwickeln sich bei unveränderten äußeren Einflüssen über verschiedene Stadien zu einem mehr oder weniger stabilen Endzustand (Klimaxstadium). Die Zusammensetzung der Lebewesen in einem Ökosystem ist abhängig von der Ausprägung

Komplexes Feuerwerk der Arten
Korallenriffe sind hoch komplizierte Ökosysteme, die in tropischen und subtropischen Meeren weit verbreitet sind. Die Korallenriffe gelten – neben den tropischen Regenwäldern – als artenreichster Lebensraum der Erde: Schätzungen ihrer Artenvielfalt reichen von 600.000 bis zu mehr als 9 Millionen Arten weltweit. Dank Symbiosen mit Schwämmen können die Riffe trotz der extremen Nährstoffarmut tropischer Meere existieren.

der abiotischen (unbelebten) Standortfaktoren (Licht, Wasser, Temperatur, Nährstoffe, Wurzelraum, Einflüsse von Feuer, Wellenschlag oder Eis etc.) und biotischen Standortfaktoren (Nahrung, Fressfeinde, Konkurrenten, Partner etc.). Im Laufe ihrer Entwicklung erlangen Ökosysteme die Fähigkeit zu einer gewissen Selbstregulation über die Steuerung der Populationsgrößen der einzelnen Arten. Die Zusammensetzung der Lebewesen und die Biotop-Verhältnisse schwanken um einen Mittelwert. Generell gelten die »biozönotischen Grundprinzipien«: Vielseitige Lebensbedingungen (etwa in Riffen, tropischen Wäldern, Küstenzonen oder nährstoffreichen Seen) ermöglichen eine hohe Artenvielfalt bei kleiner Individuenzahl pro Art, da dort viele ökologische Nischen existieren. Einseitige oder extreme Lebensbedingungen (etwa im Grasland, in Polargebieten oder Höhlen) erlauben nur wenigen, besonders spezialisierten Arten das Überleben; diese bilden jedoch oft große Populationen.

Lange herrschte die Meinung vor, dass artenreiche Ökosysteme stabiler seien als artenarme, und alte stabiler als junge. Dies gilt jedoch nur eingeschränkt. So reagieren die artenreichen, von Natur aus komplexen Systeme auf Störungen von außen sehr empfindlich, während artenarme, die oft ohnehin zu Unbeständigkeit neigen, Störungen häufig elastisch abfedern können. Letztlich sind aber die Verhältnisse der Organismen untereinander und zu sämtlichen Standortfaktoren so komplex, dass sich keine allgemein gültigen Aussagen treffen lassen.

Wenngleich die Ökosysteme in sehr unterschiedlichem Maß und mit unterschiedlicher Geschwindigkeit fähig sind, Veränderungen auszugleichen, so sind sie doch zu einer gewissen Selbstregulation in der Lage. Wachsen beispielsweise einzelne Populationen im Übermaß, so gewinnen wachstumsbegrenzende Faktoren an Einfluss. Zudem wird der Druck von Fressfeinden oder Parasiten stärker. Werden Ressourcen übermäßig genutzt, so verstärkt sich der Zwang, sie optimal zu nutzen. Sporadisch auftretende Störungen oder sich verändernde Umwelteinflüsse können Ökosysteme abpuffern, wenn Waldbrand, Erdrutsch oder Sturm Verwüstungen anrichten. So treten häufig verschiedene Entwicklungsstadien (Sukzessionsstadien) eines Ökosystems in einer Art Mosaik nebeneinander auf. Notwendige Pionierarten, die in der Lage sind, Flächen zu besiedeln, bleiben damit erhalten.

Auf lange Sicht ist die Biosphäre allerdings keineswegs stabil. Bezogen auf den Zeitraum seit der Entstehung des Lebens bestehen Gleichgewichte in der Natur nur sehr kurzfristig. Wandel ist ein Grundprinzip der Natur und die Basis der immerwährenden Erneuerung, die wir Evolution nennen. Wäre die Natur nicht zum Wandel fähig, gäbe es kein Leben auf der Erde. Denn Veränderungen des Klimas und Naturkatastrophen haben Pflanzen und Tiere immer wieder zu neuen Anpassungen gezwungen. »Der gegenwärtige Zustand ist nichts weiter als die Ausgangsbasis für den nächsten«, sagt der Evolutionsbiologe Josef Reichholf.

Mosaik der Entwicklungsstadien
Ökosysteme sind dynamische Systeme. Sie können Zustände kurz oder lang beibehalten oder kontinuierlich verändern. In einem stabilen Wald kommen verschiedene Sukzessionsstadien nebeneinander vor. Störungen wie ein Feuer schaden Wäldern in der Regel nicht. Oft bringt es die notwendige Verjüngung des Pflanzenbestandes. Junge und alte Bereiche liegen dann nebeneinander.

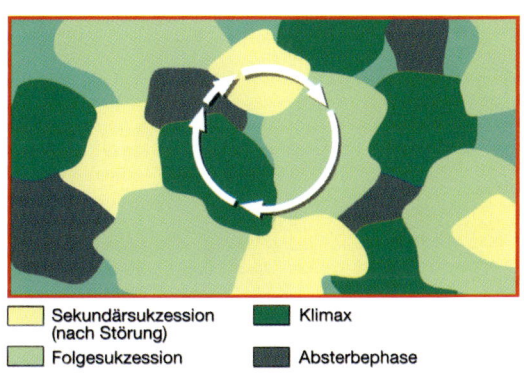

Sekundärsukzession (nach Störung)

Folgesukzession

Klimax

Absterbephase

Produktion und Konsum in Ökosystemen

Der zentrale Aspekt der Beziehungen in einer Biozönose ist Ernährung. Die direkte Sonnenstrahlung liefert die Energie für das Wachstum der Pflanzen, die so genannten Produzenten, und somit nahezu aller Lebewesen auf der Erde. Die meisten Pflanzen sind autotroph (griech., »sich selbst ernährend«), sie decken ihren Energiebedarf über Photosynthese. Die Menge der so aufgebauten Biomasse, der pflanzlichen Substanz, wird als Primärproduktion bezeichnet. Nur sehr wenige niedere Lebewesen, die Energie aus lichtunabhängigen, chemischen Prozessen gewinnen, tragen zur Primärproduktion bei.

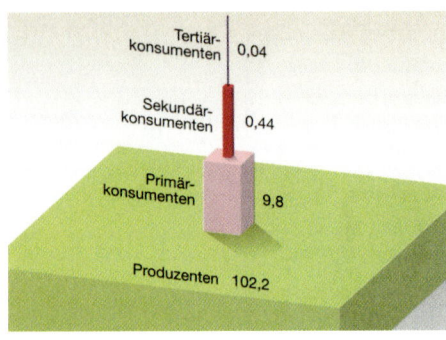

Nahrungspyramide
Innerhalb des Nahrungsnetzes geht von einer Konsumentenebene zur nächsten stets viel Biomasse und Energie verloren. Im Durchschnitt kann ein Konsument nur rund 10 % der aufgenommenen Biomasse als körpereigene Substanz festlegen.

Neben Energie brauchen die Pflanzen (wie auch alle anderen Lebewesen) noch eine Vielzahl an Nährstoffen. Dazu gehören neben Wasser, Sauerstoff und Kohlenstoff die (Makro-)Nährstoffe Stickstoff, Phosphor, Schwefel, Kalium, Calcium, Magnesium, Eisen und einige weitere Mikronährstoffe, die dem Boden, dem Wasser oder der Luft entnommen werden.

	Ozean	Küstenzone	Gezeitenzone, Mangrove, Sumpf	Re
Nettoprimär- produktion P_n	<0,4	0,2-0,6	1-6	
Biomasse	<0,01	0,01-0,1	10-50	

Alle Tiere und Pilze, die allermeisten Mikroorganismen und die schmarotzenden Pflanzenarten sind direkt oder auf Umwegen von der durch Produzenten aufgebauten Biomasse abhängig; sie sind heterotroph (griech., »sich fremd ernährend«). Diese Konsumenten gliedert man recht schematisch in verschiedene Ernährungsstufen (Trophiestufen): solche, die Pflanzen fressen (Primärkonsumenten), solche, die sich von Tieren ernähren (Sekundärkonsumenten), und solche, die sich von Tieren ernähren, die bereits andere Tiere gefressen haben (Tertiärkonsumenten). Diese Gliederung wird auch als Nahrungskette bezeichnet. Da sich aber nur sehr wenige Tiere von einer einzigen Pflanzen- oder Tierart ernähren und ein Tier oder eine Pflanze selten nur einen Fressfeind hat, verzweigen sich die Nahrungsketten zu komplexen Nahrungsnetzen, in denen auch Parasiten und Symbionten ihren Platz haben.

Kreislauf der Stoffe

Eine zentrale Rolle im Nahrungsnetz kommt den Zersetzern (Destruenten und Saprophagen) zu. Diese Würmer, Schnecken, Asseln, Tausendfüßler, Milben etc. ernähren sich von abgestorbener und ausgeschiedener organischer Substanz wie Blättern, Haaren, Schuppen, Kot und Leichen. Die letzte Stufe der Ver-

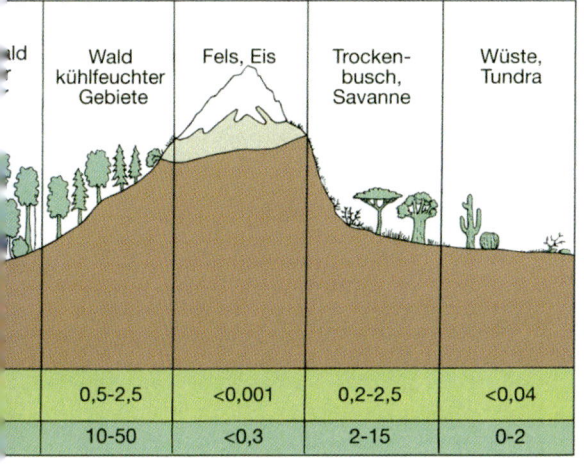

...ld	Wald kühlfeuchter Gebiete	Fels, Eis	Trocken- busch, Savanne	Wüste, Tundra
	0,5–2,5	<0,001	0,2–2,5	<0,04
	10–50	<0,3	2–15	0–2

Nettoprimärproduktion und Biomasse verschiedener Ökosysteme
Die Nettoprimärproduktion gibt die Menge Trockensubstanz an, die die Pflanzendecke in einem Jahr produziert, abzüglich der Menge, die die Pflanzen selbst veratmen. Die Biomasse ist das Gewicht aller lebenden Organismen. (Angaben in kg/m²)

Verlandendes Gewässer
Ökosysteme verändern sich, wenn Material (Pflanzenteile oder Sedimente) oder Nährstoffe eingetragen werden, wie bei diesem See in Skandinavien.

wertung übernehmen die Mineralisierer. Dies sind Bakterien und Pilze, die das zerkleinerte Material wieder zu anorganischen Stoffen abbauen und diese somit in eine erneut für Pflanzen verfügbare Form bringen. Damit ermöglichen sie Stoffkreisläufe, die ein wesentliches Merkmal der Ökosysteme sind.

Die Stoffkreisläufe in Ökosystemen sind in der Regel so eingespielt, dass sich die Stoffmengen über lange Zeiträume hinweg nahezu im Gleichgewicht befinden und kaum schwanken. Dabei sind geologische und biologische Vorgänge zu biogeochemischen Kreisläufen verknüpft, in denen die chemischen Elemente als anorganische Moleküle den Boden, das Gestein, das Wasser und die Luft durchlaufen (geo) und als organische Moleküle in Lebewesen (bio) eingebaut werden. Große Bedeutung haben hier in Landökosystemen die Böden, die freigesetzte Nährstoffe speichern und an die Pflanzenwurzeln abgeben. In Gewässerökosystemen lagern die Nährstoffe in den Sedimenten (Ablagerungen) oder sind im Wasser gelöst.

Je nach chemischem Element bilden das Gestein und die Böden – etwa bei Phosphor und Schwefel – oder die Atmosphäre – wie bei Kohlenstoff, Stickstoff und Sauerstoff – die wichtigsten Stofflagerstätten. Der in der Biomasse gebundene Teil der Stoffe macht hingegen nur einen winzigen Anteil aus. Dieser ist aber von besonderer Bedeutung, denn im Gegensatz zu den in der Erdrinde chemisch gebundenen oder in der Luft vorhandenen Stoffen können diejenigen, die in der Biomasse eingebaut sind, über die Mineralisierer umgehend für Pflanzen verfügbar gemacht werden. Während in den meisten Landökosystemen der Boden einen Zwischenspeicher darstellt, so ist der Kreislauf in den tropischen Regenwäldern verkürzt: Dort ist der Boden völlig unfruchtbar; er kann weder Nährstoffe freisetzen noch speichern. Das gesamte Ökosystem ist daher abhängig von dem Kreislauf der in der Biomasse gebundenen Nährstoffe, die sehr schnell mineralisiert und dann umgehend von den Pflanzenwurzeln wieder aufgenommen werden.

Da Ökosysteme grundsätzlich offene Systeme sind, können Stoffe verloren gehen: etwa wenn Regenwasser Mineralien in tiefe Bodenschichten oder in Gewässer spült (Austrag), wenn Tiere oder Menschen Pflanzenteile entnehmen oder wenn Tiere abwandern. Zugleich werden Stoffe aus Niederschlägen und Staub oder durch einwandernde Lebewesen in das System eingebracht (Eintrag). In stabilen Ökosystemen sind die Austräge ähnlich hoch wie die Einträge oder die Neubildung durch Gesteinsverwitterung. Befinden sie sich nicht im Gleichgewicht, so verändern sich die Ökosysteme. Seen etwa, in die viel Biomasse oder viele mineralische Sedimente eingetragen werden, verlanden.

Benachbarte Ökosysteme beeinflussen sich auf verschiedenste Weise. Fließgewässer etwa tragen Partikel, Nährstoffe oder Schadstoffe von einem Ökosystem in ein anderes; Tiere tragen Samen von einem Lebens-

Reger Austausch
Prinzip des Stoffflusses zwischen Lithosphäre, Hydrosphäre, Biosphäre und Atmosphäre.

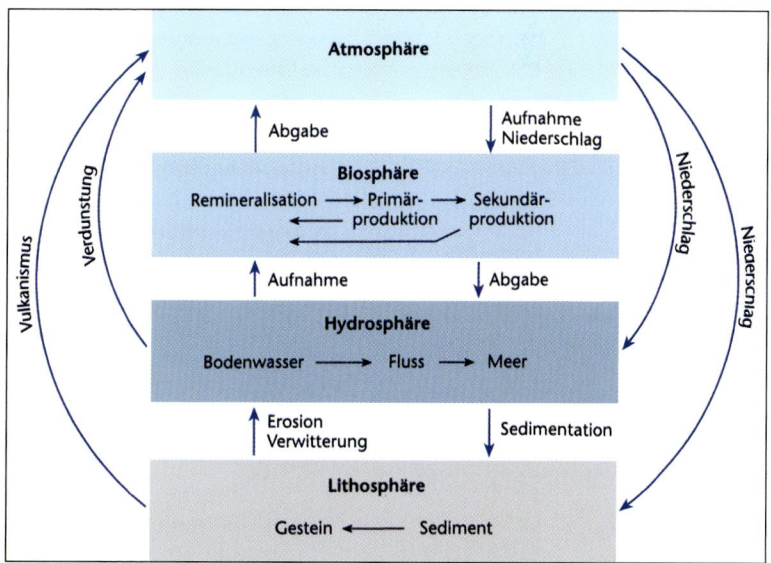

raum in einen anderen; Meere üben durch ihren Wasser- und Energiehaushalt über die Atmosphäre Einfluss auf Ökosysteme des Festlandes aus oder prägen durch Wellen oder bei Sturmfluten die angrenzenden Küstenökosysteme.

Die größten Massenumsätze finden im Erdinneren statt. Die Vorgänge im Erdinneren sind aber für das Leben auf der Erde lediglich dann interessant, wenn sie als Vulkanismus, Gase oder heißes Wasser an die Oberfläche treten. Aus Sicht der Ökologie interessanter sind hingegen die Bewegungen von Energie und Stoffen an der Erdoberfläche.

Kohlenstoffkreislauf

Der Kreislauf des Kohlenstoffs (C) ist hauptsächlich ein Kohlendioxidkreislauf. Die wichtigsten Teilschritte sind die Aufnahme (Assimilation) von gasförmigem Kohlendioxid (CO_2) durch Pflanzen und der entgegengesetzte Vorgang, die Veratmung der Kohlenstoffverbindungen (Zucker, Stärke) zur Energiegewinnung (Dissimilation), wobei wieder CO_2 entsteht. Die meisten Lebewesen, sowohl die Pflanzen als auch die Tiere, ein Großteil der Mikroorganismen und der Mensch, gewinnen Energie für ihre Lebensvorgänge, indem sie Kohlenstoffverbindungen veratmen.

Die Erde verfügt über mehrere große Kohlenstoffspeicher. Ein vergleichsweise kleiner ist die Atmosphäre, wo CO_2 in einer Konzentration von lediglich

Schöner Kohlenstoffspeicher
Geraten kalkhaltige Meeresablagerungen unter Druck, verfestigen sie sich zu Kalkstein. Unter Einfluss von hohem Druck und hoher Temperatur erfahren die Kalke eine Metamorphose: Es entsteht Marmor, den der Mensch Jahrmillionen später als attraktiven Baustoff nutzt.

0,037 % vorliegt. Etwa sechzigmal so viel CO_2 wie die Atmosphäre enthalten die Ozeane. Der Austausch zwischen den Algen der Meere und der Atmosphäre ist deutlich größer als der zwischen Landpflanzen und Atmosphäre.

Die zweite wichtige gasförmige Kohlenstoffverbindung ist Methan (CH_4). Wie CO_2 trägt auch Methan zum Treibhauseffekt der Atmosphäre bei. Natürliche Methanquellen sind Moore, Sümpfe und alle Ökosysteme, in denen unter Sauerstoffmangel (anaerob) organisches Material abgebaut wird. Das Gas entsteht auch in den Gärkammern im Darmsystem von Pflanzenfressern wie Termiten und Wiederkäuern.

Große Mengen von Kohlenstoff sind als Ablagerungen von Lebewesen in der Lithosphäre als Torf, Erdöl, Erdgas und Kohle gespeichert. Weitere Kohlenstoffspeicher im Boden und Gestein sind Carbonate, die oft aus Ablagerungen von Muschel- und Schneckenschalen, Korallen oder Kalkalgen entstanden sind.

Sauerstoffkreislauf

Die Sauerstoffreservoire der Erde sind ungleich größer als die des Kohlenstoffs. Allein die Atmosphäre enthält rund 21 % molekularen Sauerstoff (O_2). Riesige Mengen sind in der Erdkruste in Silicaten und Metalloxiden gespeichert. In den Ozeanen kommt Sauerstoff sowohl in gelöster als auch in chemisch gebundener Form vor.

Der über die Lebewesen gesteuerte Sauerstoffkreislauf ist eng an den des Kohlenstoffs gekoppelt: Bei der Photosynthese der Pflanzen werden pro gebildetes CO_2-Molekül ein Sauerstoff- und ein Wassermolekül freigesetzt. Bei der Atmung verbrauchen die Organismen Sauerstoff, um ihn an den Kohlenstoff zu binden – dabei wird Energie frei. Im Verlauf der Erdgeschichte haben Cyanobakterien und grüne Pflanzen erheblich mehr Sauerstoff freigesetzt, als die Orga-

Sauerstoff
Das Leben auf der Erde begann vor mehr als drei Milliarden Jahren mit den Archebakterien und den ersten grünen Lebewesen, den Cyanobakterien (Blaualgen) in den Ozeanen. Diese ersten Sauerstoff (als Abfall) produzierenden Organismen verwandelten mit Hilfe von Sonnenlicht, Wasser und den darin gelösten chemischen Elementen die für heutige Lebewesen giftige Uratmosphäre aus Methan- und Schwefelgas in eine sauerstoffreiche und lebensfreundliche Atmosphäre. Auch heute ist die Sauerstoffproduktion durch (Meeres-) Algen größer als die von Wäldern.

nismen durch Atmung verbrauchten. So kam es zu dessen Anreicherung in der zuvor sauerstofffreien Atmosphäre. Aus diesem Überschuss konnten sich zum einen Metalloxide und andere Verwitterungsprodukte der Erdkruste bilden. Zum anderen entstand daraus in der Stratosphäre das Ozon (O_3).

Stickstoffkreislauf

Stickstoff (N) ist unter anderem Bestandteil der wichtigen Aminosäuren und Proteine (Eiweiße) und der Erbsubstanz DNA. Obwohl die Atmosphäre zu 78 % aus molekularem Stickstoff (N_2) besteht, begrenzt seine Verfügbarkeit in vielen Ökosystemen die biologische Produktion. Pflanzen können Stickstoff nur als Ammonium- (NH_4^+) oder Nitrat-Ionen (NO_3^-) aufneh-

men, Tiere nur organisch gebunden. Am Beginn des Stickstoffkreislaufes stehen daher Bakterien, die Luftstickstoff fixieren können und somit in eine pflanzenverfügbare Form umwandeln. Im Meer übernehmen dies vor allem frei lebende Bakterien und Blaugrünalgen. Auf dem Land überwiegen Bakterien, die wie beispielsweise die Knöllchenbakterien in Schmetterlingsblütlern in Symbiose mit Pflanzen leben. In geringeren Mengen wird N_2 über die Sonneneinstrahlung oder durch Gewitter in Nitrat und Stickoxide (NO_x) umgewandelt. Über 90 % des für die Organismen verfügbaren Stickstoffs wird in einem verkürzten Kreislauf innerhalb der Biomasse gehalten.

Stickstoff-Fänger
Schmetterlingsblütler wie Klee, Lupine, Robinie oder Ginster gehen Symbiosen mit Bakterien ein. In Gewebeknöllchen der Wurzeln fixieren die Bakterien Luftstickstoff und bauen ihn in Aminosäuren ein, die die Wirtspflanze zum Teil aufnimmt. Das Bild zeigt Kleeuntersaat bei Getreideanbau im ökologischen Landbau nach der Getreideernte.

Phosphorkreislauf

Phosphor (P) wird von allen Organismen für fundamentale Lebensprozesse des Energiestoffwechsels und als Baustein der Nukleinsäuren benötigt. Er wird bevorzugt als Phosphat-Ion (PO_4^{3-}) aufgenommen. Phosphate werden bei der Verwitterung von Gestein ausgewaschen und stehen dann den Pflanzen zur Verfügung. Beim mikrobiellen Abbau organischer Substanz wird Phosphat sofort wieder in seiner anorganischen Form freigesetzt und ist so für die Pflanzen verfügbar. Der Transport des Phosphates erfolgt überwiegend im Wasser. Ein Teil des Nährstoffes wird so in die Meere ausgewaschen. Eine Rückführung aus dem Meer in Landlebensräume erfolgt durch die Knochen oder den Kot von Seevögeln, deren Ausscheidungen mächtige Phosphoransammlungen (zum Beispiel der Guano an den regenlosen Küsten von Peru und Chile) bilden können. Vielfach fallen Phosphate als schwer lösliche Verbindungen aus, lagern sich in Seen und vor allem im Meer ab und können lediglich durch erneute Verwitterungsvorgänge in den Kreislauf zurückgebracht werden.

Schwefelkreislauf

Schwefel (S) ist unverzichtbarer Bestandteil einiger Aminosäuren und auch im Energiestoffwechsel zahlreicher Bakterien- und Pilzarten wichtig. Obwohl einige Mikroorganismen Schwefel durch Oxidation aus Schwefelquellen in ihren Stoffwechsel einbringen können, wird der Nährstoff überwiegend als pflanzenverfügbares Sulfat (SO_4^{2-}) aufgenommen. Die mineralischen Sulfate liegen vor allem als Gips (Calciumsulfat) und Bittersalz (Magnesiumsulfat) vor.

Schwefel
An aktiven Vulkanen, wie hier in Griechenland, tritt der gelbe Schwefel an die Erdoberfläche.

Beim Abbau von organischen Reststoffen werden zunächst Sulfide (S^{2-}) frei, die von Mikroorganismen zu Sulfaten oxidiert werden müssen, um wieder von Pflanzen aufgenommen werden zu können. Ein Transport erfolgt im Wasser als Sulfat und in der Atmosphäre vor allem als Schwefeldioxid (SO_2) und seltener als Säure bildender Schwefelwasserstoff (H_2S), der nach kurzer Zeit in SO_2 umgewandelt wird. Natürliche Quellen des Schwefels in der Atmosphäre sind vulkanische Prozesse.

Nutzen, gestalten, zerstören

Heute ist kaum ein Ökosystem mehr frei von menschlichem Einfluss. Die Entwicklung der Gesellschaft und die Veränderungen der Umwelt sind eng verflochtene Prozesse. Die Menschen nutzen die natürliche und die von ihnen veränderte Umwelt als Ausgangspunkt für vielfältige Produktions- und Umwandlungsprozesse. Zum einen dient sie in großem Maßstab als Quelle von Rohstoffen wie Wasser, Holz, Erdöl, Metallen und vielen anderen. In der Anthroposphäre (der Sphäre des Menschen) werden die Materialien verändert, zu Produkten verarbeitet, gebraucht oder verbraucht. Schließlich dient die Umwelt als Senke: als Auffangbecken oder Ablagerungsort für (teils giftige) Abfälle, Abwässer, Abgase und Stäube. Hier wird die Fähigkeit der natürlichen Systeme zur Aufnahme und zum Abbau einzelner, in begrenzter Menge zugeführter Stoffe ausgenutzt. So können viele Stoffe, auch Schadstoffe, im Laufe der Zeit in naturnahe Substanzen abgebaut oder unschädlich gemacht werden.

Die Umwelt fungiert aber nicht nur als Quelle und Senke, sondern auch als Standort: als Fläche für Landwirtschaft, für die Gewinnung von Rohstoffen, für In-

dustrie, Siedlungen, Infrastruktur und Erholung. Zudem übernehmen Ökosysteme wichtige Stabilisierungsfunktionen. Eine Pflanzendecke zum Beispiel reguliert das Klima, hält Wasser zurück und schützt den Boden vor Abtrag

Doch indem die Menschen die Umwelt in der heutigen Intensität für ihren Wohlstand nutzen, stören sie die Ökosysteme in

Elektrosmog
Kein Raum ist mehr frei von menschlichen Einflüssen. Die unsichtbare Strahlung ist ein gutes Beispiel für die Allgegenwart der Technik: Richtfunk- und Radaranlagen, Rundfunksender und Handysignale strahlen auch in abgelegene Gebiete. Grund zur Besorgnis gibt aber vor allem die rasante Zunahme von Strahlungsquellen elektromagnetischer Felder in den Siedlungen: Mikrowellenherde, Mobil- und Schnurlostelefone, Babyfone, Einbruchsicherungen, Fernsehgeräte, Computermonitore oder kabellose Computerverbindungen.

Industrie
Die Herstellung von Werkstoffen und Gütern in industriellen Großanlagen liefert die materielle Basis unserer Wirtschaft.

ihrer Funktionsfähigkeit, überfordern ihre Selbstregulationskräfte und zerstören damit auch die eigenen Lebensgrundlagen. Schätzungsweise 40–50 % der Landoberfläche sind bisher vom Menschen umgewandelt oder degradiert (zerstört) worden. Etwa die Hälfte der ursprünglichen Primärwaldfläche ist verschwunden, lediglich ein Fünftel ist noch relativ unangetastet. 90 % der Fischbestände sind verschwunden. Täglich sterben etwa 130 Arten aus.

Landwirtschaft – der erste und bedeutendste Einfluss

Solange der Mensch sich ausschließlich als Sammler, Jäger und Fischer versorgte, hatte er keinen wesentlich größeren Einfluss auf die Ökosysteme als Pflanzen und Fleisch fressende Tiere. Erst mit dem Übergang zu Ackerbau und Viehzucht vor etwa 10.000 Jahren begann der Mensch, gestaltend in die Ökosysteme einzugreifen: Er rodete Wälder, zähmte und züchtete Tiere, legte den Boden frei und bestellte ihn mit Kulturpflanzen. Ohne Eingreifen des Menschen wäre Mitteleuropa ein Waldland. Ausnahmen wären lediglich Moore, Hochgebirge, Felshänge, Ufer, Küsten oder salzreiche Böden.

Der wirtschaftende Mensch hat die Landschaft in eine Kulturlandschaft überführt und kaum Naturlandschaften übrig gelassen. Während der Extensivwirt-

Kleinräumig gegliederte Agrarkulturlandschaft
Dieser typische Landschaftstyp unserer mittleren Breiten wurde durch die landwirtschaftliche Nutzung aus dem ursprünglichen Waldland heraus entwickelt.

Shifting Cultivation
Eine traditionelle Form des Wanderfeldbaus ist die Wald-Feld-Wechselwirtschaft, auch Shifting Cultivation genannt. Sie geht meist mit Brandrodung einher. Durch die besondere Nährstoffarmut der tropischen Böden müssen die bewirtschafteten Flächen sehr bald aufgegeben werden. Diese ausbeutende Wirtschaftsform funktioniert nur in dünn besiedelten Regionen.

schaft, die je nach Region bis ins 18. oder 19. Jahrhundert, teils auch bis in die Gegenwart, vorherrschte, haben die kleinräumigen Eingriffe des Menschen zunächst die Vielfalt (Diversität) der Landschaft und somit die Artenvielfalt stark vergrößert. Die Flächen waren stark strukturiert, Jahre mit Anbau von Feldfrüchten wechselten mit Brachejahren ab. Je ausgedehnter die mit einer einzigen Pflanze bestellten Flächen wurden, desto mehr entfernten sich die Kulturlandschaften von natürlichen Ökosystemen. Die heute verbreitete intensive, großflächige Nutzung führt zu einem Ausgleich der Standortunterschiede und damit zu einer Verarmung der Landschaft und Reduktion der Artenvielfalt: Der Mensch entwässert feuchte, bewässert trockene und düngt nährstoffarme Böden. Er beseitigt

Wälder, Hecken, Steinhaufen oder Teiche, begradigt Bäche und Flüsse. Mit der Dominanz einer einzelnen Nutzpflanzenart auf einer großen Fläche finden die Fressfeinde (Schädlinge) ein ungewöhnlich reiches Nahrungsangebot vor.
Die Ernteerträge müssen somit durch ge-

zielte – heute vorwiegend chemische – Schädlingsbekämpfung geschützt werden.

Während in Mitteleuropa mittlerweile die landwirtschaftlich genutzte Fläche schrumpft und die Waldfläche wieder wächst, nimmt in den Ländern des Südens, den Schwellen- und Entwicklungsländern, der Druck der Landwirtschaft weiter zu. Das Bevölkerungswachstum von einer Milliarde Menschen pro Dekade, das für die nächsten 20 bis 30 Jahre erwartet wird, erfordert einen jährlichen Anstieg der Nahrungsproduktion um etwa 2 %. Dies wird voraussichtlich insbesondere in Afrika und Asien zu einer weiteren Umwandlung natürlicher Ökosysteme in landwirtschaftliche Flächen führen, zugleich wird auch die Produktion auf bestehenden landwirtschaftlichen Flächen intensiviert werden müssen.

Eingriffe des Menschen in die Umwelt und daraus folgende Entwicklungen: negative (–) wie positive (+) und solche, die (noch) nicht eindeutig zu bewerten sind (+/–)

Landwirtschaft, Forstwirtschaft und Gartenbau

(–) Vernichtung von Wald; Intensivierung und Flurbereinigung in günstigen Lagen; Monokulturen und Plantagenwirtschaft; Verbrauch fossilen Grundwassers; Grundwasserbelastung durch Nitrate, Pflanzenschutzmittel und Medikamente; Emissionen bei Düngung mit Gülle; Versalzung; Bodenerosion

(+/–) Extensivierung und Nutzungsaufgabe an Grenzertragsstandorten; Einführung neuer hochproduktiver Arten; Agro-Gentechnik

(+) Verarmung der Vielfalt; Ausbau des ökologischen Landbaus; Förderung des naturnahen Waldbaus; Zunahme der Waldflächen in Europa

Fischerei

(–) Überfischung einzelner Regionen und Arten; Schädigung von Zerstörung von Mangrovenküsten durch Aquakultur; Verdrängung heimischer durch ausgesetzte Arten

(+/–) Intensivierung der Fischzucht; Verlandung und Aufgabe von Teichen in anderen Regionen

Bergbau und Rohstoffe

(–) Landschaftsschäden, Wasserschäden, Grundwasserabsenkungen; Konflikte um Rohstoffe

(+) Verstärkter Einsatz nachwachsender Rohstoffe; Dematerialisierung (mehr Nutzen bei weniger Rohstoff- und Energieeinsatz)

Energiegewinnung und -verbrauch

(–) Ausbau der Atomkraft; Endlichkeit fossiler Energieträger; zunehmende umwelt- und klimabelastende Emissionen; Landschaftsveränderung durch Bergbau, Staudämme, Windkraft

(+) Weiterentwicklung regenerativer Energieträger; Energiesparmaßnahmen

Industrie

(–) Produktion und Abgabe teils giftiger synthetischer Stoffe; hoher Rohstoffverbrauch

(+) Installation von Filtern und Katalysatoren; Export umweltverträglicher Technologie in Entwicklungsländer; gesellschaftliche Verantwortung als Unternehmensziel; Ökoeffizienz; Ökodesign

Siedlungen
(–) Flächenverbrauch und Versiegelung; ungeregelte Zersiedelung; Wachstum der Megastädte; Slumbildung; Suburbanisierung; Verkehrswachstum; Zerfall der Zentren
(+/–) Bevölkerungsrückgang in wirtschaftlich schwachen Regionen und Städten

Infrastruktur und Verkehr
(–) Bodenversiegelung für Verkehrsflächen; Erschließung bisher isolierter Lebensräume; Energieverbrauch durch Verkehrsmittel; Abgase, Feinstaub und Lärm; Lebensraumzerschneidung und Fragmentierung von Landschaften; Regulierung von Flüssen; Verbindung getrennter Ökosysteme und dadurch Veränderung der Tierwelt; Verschmutzung der Meere durch Tankerunglücke und Schiffsabfälle
(+) Hochwasserschutz mit Überflutungsflächen in Flussauen

Abfall und Abwasser
(–) Ungesicherte Deponien; Verklappung im Meer; Abgase durch Verbrennung; fehlende sanitäre Anlagen und Kläranlagen in vielen Teilen der Welt; verschmutztes Trinkwasser
(+) Bau und Verbesserung von Kläranlagen; Abfallvermeidung; Recycling; geschlossene Stoffkreisläufe; kompostierbare Werkstoffe

Tourismus
(–) Zunehmender Flugverkehr; Massentourismus mit lokalen Effekten; Individualverkehr in entlegenen Regionen; Entwicklung von Infrastruktur (Flughäfen, Straßen); lokale Probleme durch Müll und Abwasser; hoher Wasserverbrauch in Trockengebieten
(+) Sicherung natürlicher Ökosysteme und einzelner Tierarten als Touristenattraktion (Reservate, Nationalparke)

Naturschutz
(+) Ausweisung von Schutzgebieten; Landschaftspflege; Artenschutzmaßnahmen; internationale Schutzabkommen (Meere, Vögel); Verbot besonders giftiger Chemikalien; Wiedereinbürgerung ausgestorbener Arten; Ausgleichsmaßnahmen für Eingriffe in den Naturhaushalt; Entwicklung von Biotopverbundsystemen; Renaturierung von Gewässern

Eingriffe in den Stoffhaushalt

Der Mensch lebte schon immer von den Stoffen, die ihm die Erde zur Verfügung stellt. Er nutzt das Wasser und die Luft, erntet Pflanzen, schlachtet Tiere und entnimmt der Erde Baumaterialien, Werkstoffe und Energieträger. In der Anthroposphäre werden die Materialien aufgeschlossen, chemisch verändert, vielfältig kombiniert und zu Produkten verarbeitet, genutzt oder verbraucht und schließlich als nutzlose und teils giftige oder schädliche Abfälle, Abwässer und Abgase an die Umwelt abgegeben. Bei vielen Aktivitäten des Menschen gelangen außerdem (teils giftige) Stäube in die Luft.

Am deutlichsten greift der Mensch über die Nutzung natürlicher Lagerstätten in die Stoffkreisläufe der

Natur ein. Er überführt fest gebundene Verbindungen aus der Erdkruste direkt oder nach Umwandlung in die aktuellen Stoffkreisläufe an der Erdoberfläche. Die Verfeuerung von Kohle, Gas und Öl führt mit Abstand zu den größten Massenverschiebungen: von der Erdkruste in die Atmosphäre, die dadurch deutlich über das verträgliche Maß hinaus belastet wird.

Mindestens 50 % aller **Schwermetalle** in Flüssen und Seen entstammen menschlicher Tätigkeit. Nahezu das ganze an der Erdoberfläche befindliche Blei wurde durch den Menschen freigesetzt. Ähnlich ist es bei Platin. Es wird sehr energie- und materialintensiv gewonnen: Für eine Unze (knapp 30 g) Metall werden rund 10 t Erz verarbeitet. Seit Mitte der 1980er Jahre die Katalysatortechnik bei Autos eingeführt wurde, verteilt sich das sehr seltene Metall über die Abgase und dann via Luft und Wasser über den ganzen Globus und reichert sich in geringsten Konzentrationen, aber flächendeckend in Böden, Gewässern und Lebewesen an. Wie viele andere im »offenen System« Umwelt verwendete Stoffe lässt es sich nicht kontrollieren und auch nie wieder zurückholen.

Platinschleuder
Pro gefahrenen Kilometer gelangen bis zu 2 Mikrogramm Platin aus einem Abgaskatalysator in die Umwelt. Seine chemische Aktivität im komplexen Gefüge der Ökosphäre und die sich daraus ergebenden Risiken lassen sich noch nicht abschätzen.

Den größten Einfluss hat der Mensch auf die Stoffkreisläufe der Elemente Kohlenstoff, Stickstoff und Schwefel. Seit Beginn der Industrialisierung fördern die Menschen **Kohlenstoff** in Form von Kohle, Erdöl und Erdgas an die Erdoberfläche und verbrennen ihn dort, um die dabei entstehende Wärme zu nutzen. Das Verbrennungsprodukt Kohlendioxid (CO_2) wird in die Atmosphäre entlassen. Von 1860 bis heute hat sich der so verursachte Kohlenstofffluss in die Atmosphäre etwa alle 25 Jahre verdoppelt; er liegt derzeit bei etwa 6,3 Milliarden t Kohlenstoff pro Jahr und steigt weiter um rund 1,5 % jährlich.

Der zweitwichtigste Eingriff in den Kohlenstoffhaushalt mit jährlich rund 2,2 Milliarden t freigesetztem

Kohlenstoffemissionen
Der Mensch setzt durch die Nutzung fossiler Brennstoffe und landwirtschaftliche Aktivitäten jährlich 8,5 Mrd. t Kohlenstoff frei. Davon werden nur rund 5,3 durch Aufnahmen der Biosphäre und der Ozeane kompensiert. Der Kohlenstoffgehalt der Atmosphäre steigt somit um 3,2 Mrd. t pro Jahr.

Kohlenstoff erfolgt über die Landnutzung (Waldrodung, Holzbrand, Grünlandumbruch). Die Fläche des tropischen Regenwaldes nimmt jährlich um knapp 1 % ab. Auf den freigelegten unfruchtbaren Tropenwaldböden wächst nur eine spärliche Vegetation nach, die pro Fläche erheblich weniger Kohlenstoff bindet als der ursprüngliche natürliche Wald. Das gerodete und nicht dauerhaft genutzte Holz wird verbrannt oder es verrottet; die landwirtschaftliche Nutzung erhöht die Rate der mikrobiellen Zersetzung der Biomasse in den Böden.

Werden Erdöl und Erdgas gefördert, treten große Mengen des Gases Methan (CH_4) aus, das etwa 30-mal stärker klimaerwärmend wirkt als CO_2. Die größte anthropogene Quelle ist die Landwirtschaft mit rund einem Drittel der gesamten Methanemissionen. Hier entsteht es durch Gärung in den Vormägen von Wiederkäuern (Rind, Schaf, Ziege), wird beim Reisanbau freigesetzt und entweicht tierischen Exkrementen (Gülle, Mist).

Über die Landwirtschaft und den Energieverbrauch greift der Mensch auch massiv in den Haushalt des **Stickstoffs** ein. Durch synthetisch produzierte Düngemittel, die Viehzucht und Verbrennungsprozesse hat der Mensch bereits die Menge verdoppelt, die in Böden und Gewässer gelangt. Diese künstliche Düngung schädigt vor allem spezialisierte, an Mangelstandorte angepasste Lebensgemeinschaften in Hochmooren, Heiden, Magerrasen und anderen nährstoffarmen Lebensräumen. In Gewässern kommt es mitunter zu Sauerstoffmangel durch starkes Algenwachstum, in den Meeren können sich übermäßig vermehrende Algen Korallen abtöten.

Für fast die Hälfte der Stickstoffemissionen sind die Agrarbetriebe verantwortlich. Als Ammoniak (NH_3) entweichen sie aus Exkrementen, die bei der Haltung von Geflügel, Schweinen, Schafen und Kühen anfallen. Der mikrobielle Abbau von Dünger erzeugt Lachgas (N_2O), ein starkes Treibhausgas. Im Grundwasser kommt Stickstoff als Nitrat (NO_3^-) vor, ein Problem für die Gewinnung von Trinkwasser, denn Nitrat bildet im Magen des Menschen gefährliche Krebs erregende Nitrosamine.

Auch bei Verbrennungsprozessen mit hoher Temperatur (in Fahrzeugmotoren, ebenso in Heizungen und Kraftwerken) entweichen Stickoxide (NO_x) in die Atmosphäre. Die Stickstoffkomponente der Verbindungen entstammt dabei der Luft, die den Verbrennungsvorgang unterhält. In der Stratosphäre sind Stickoxide daran beteiligt, die schützende Ozonschicht zu zerstören.

Besonderer Standort dank Nährstoffarmut
Nährstoffarme Ökosysteme wie Hochmoore, Heiden und Magerwiesen sind durch einen erhöhten Eintrag von Nährstoffen in ihrem Bestand gefährdet. Die Zufuhr von Stickstoff aus Luft und Niederschlägen führt dazu, dass sich die Zusammensetzung der Arten verändert.

Vom sauren Regen zernagt

Auch viele Baudenkmäler aus kalkhaltigem Stein (Kalkstein, Dolomit, Sandstein) sowie Bauwerke aus Metall und Stahlbeton werden von schwefelsäurehaltigen Niederschlägen angegriffen und porös. Die Dombauhütte des Kölner Doms ist permanent damit beschäftigt, vom Steinfraß befallene und von Abgasen geschwärzte Teile gegen neue auszutauschen.

Schwefel kommt in natürlichen Ökosystemen selten vor. Durch die Verbrennung fossiler Energieträger (Kohle enthält zwischen 0,5 und 3 % Schwefel) wird Schwefel allerdings in großen Mengen als SO_2 in die Atmosphäre eingebracht (etwa 70 % der Gesamtmenge). Dort verbleibt es nur wenige Wochen und gelangt über den Niederschlag als Schwefelsäure und schweflige Säure auf die Vegetation und in die Böden. Zusammen mit salpetriger Säure und Salpetersäure aus Stickstoffverbindungen bewirkt dieser saure Regen eine Versauerung der Gewässer und der Böden. In Seen sterben die Fische, aus versauerten Böden werden Nährstoffe ausgewaschen und die Pflanzen direkt geschädigt (Waldsterben).

Umweltchemikalien

Wir sind umgeben von Stoffen und Materialien, die durch chemische Prozesse entstanden sind: Ganze Branchen wie Pharmazie, Konsumgüter, Verkehr, aber auch die Nahrungsmittelindustrie basieren im Wesentlichen auf chemisch erzeugten Stoffen und Produkten.

In der zweiten Hälfte des 19. Jahrhunderts begann der Mensch damit, Industrieprodukte in großem Maßstab herzustellen. Das »chemische Zeitalter« brach an. Millionen Tonnen Chemikalien ergossen sich in der Folge in die Umwelt und Mensch und Natur wurden mit Verbindungen konfrontiert, von denen zuvor nie jemand gehört hatte.

Die zunehmende Chemisierung blieb nicht ohne Auswirkungen auf unsere Umwelt. Viele Stoffe, die sich heute in der Umwelt finden, kommen natürlicherweise nicht vor. Und viele von ihnen sind nur langsam oder gar nicht abbaubar und zum Teil hochgiftig. Sie verbreiten sich weltweit und richten global spürbar Schäden an, wenn auch manchmal erst mit langer Verspätung, wie beispielsweise die die Ozonschicht schädigenden Fluorchlorkohlenwasserstoffe (FCKW).

Dauergifte, in der Fachsprache auch als Persistant Organic Pollutants (POPs) bezeichnet, können aufgrund ihrer chemischen Stabilität große Entfernungen zurücklegen. Von diesen Schadstoffen ist besonders das Meer betroffen: Die Strömungen sorgen für eine weltweite Verbreitung der Chemikalien, die Stoffe werden nur langsam abgebaut, die Nahrungsnetze sind weitläufig und die Meeressäuger werden alt und reichern deshalb die Schadstoffe in hohen Konzentrationen an. Viele Dauergifte sind Krebs erregend, erbgutschädigend oder gefährden Embryos. Andere sind stark leber- und nierenschädigend und greifen das Immun- oder Nervensystem an.

2001 wurden die zwölf gefährlichsten langlebigen Substanzen, das so genannte »dreckige Dutzend«,

Brunnenvergifter
Während in den alten Industrieländern giftige Abwässer oder Abgase heute eher die Ausnahme sind, gelangen in den Entwicklungs- und Schwellenländern Giftstoffe aus Produktionsprozessen oft noch ohne Reinigung oder Filterung in die Gewässer oder die Luft.

weltweit verboten. Dazu gehören die Altpestizide DDT, Endrin und Lindan, von denen nach Schätzungen der Welternährungsorganisation FAO noch weit über eine halbe Million Tonnen schlecht oder gar nicht gesichert in Schwellen- und Entwicklungsländern lagern. Nach wie vor exportieren Chemieunternehmen der Industriestaaten gefährliche Substanzen. Bayer hat zum Beispiel in Indien einen Marktanteil von 22 % und füllt dort die Pestizidregale mit über 50 verschiedenen Produkten. Viele davon sind in Deutschland längst verboten.

Risiko
Wenn auch die Auswirkungen der Chemie nicht immer so katastrophal sind wie in Seveso, so zeigen die vielen Chemieunfälle, dass der Umgang mit giftigen Stoffen immer Risiken birgt.

Doch nicht immer ist der Gebrauch von Giften so augenfällig wie in der Landwirtschaft. Die meisten verbergen sich in alltäglichen Konsumprodukten und sind darin nicht fest gebunden, sondern gelangen über den Gebrauch in den menschlichen Organismus und die Umwelt. Dazu zählen beispielsweise Alkylphenole in Kosmetika, die das Hormonsystem stören. Oder Phthalate, die als Weichmacher in Kleidung und vor allem Kunststoffprodukten aus PVC wie Kabeln, Bodenbelägen und Schuhsohlen stecken und im Verdacht stehen, die Fortpflanzungsfähigkeit einzuschränken und die Entwicklung von Säuglingen zu stören. Oder Organozinn-Verbindungen (TBT, DBT u. a.) in Schiffsanstrichen und verschiedenen Alltagsprodukten aus Kunststoff, die das Immunsystem schädigen.

Auch Chemikalien, die im Dienste der Gesundheit

eingesetzt werden, landen letztlich in der Umwelt und können ins Trinkwasser oder in Nahrungsmittel gelangen. Die meisten Medikamente verlassen den Körper von Mensch und Tier unverändert. So sind in Gewässern Hormone aus der Antibabypille ebenso nachweisbar wie Antibiotika aus der Tierhaltung.

Es gibt immer wieder neue, unvorhersehbare, bisher unbekannte Wirkungen und Kombinationswirkungen chemischer Stoffe. Alleine in Europa sind heute rund 100.000 unterschiedliche Chemikalien im Einsatz. Sie wurden bis auf wenige Ausnahmen nie auf ihre Ge-

Giftiges Spielzeug
Kinderspielzeug aus PVC und viele andere Produkte aus Kunststoff enthalten oft Weichmacher, die in das Hormonsystem eingreifen. Gerade die Gesundheit von Kindern kann so dauerhaft Schaden nehmen. Im Planschbecken ist das eher harmlos; wenn Säuglinge Spielzeug in den Mund nehmen, kann dies schon gefährlicher sein.

fährlichkeit hin untersucht. Selbst für großtechnisch hergestellte Stoffe liegen den Behörden in den meisten Fällen keinerlei Informationen über mögliche Umweltrisiken vor.

Derzeit berät die Europäische Gemeinschaft eine neue europäische Chemikalienverordnung, die dafür sorgen soll, dass Unternehmen mehr Informationen über die Eigenschaften ihrer Stoffe offen legen. Bisher müssen nur alle Neustoffe (erstmalige Vermarktung seit 1981) auf ihre Umwelt- und Gesundheitsverträglichkeit hin untersucht werden. Die rund 30.000 Altstoffe, die noch verwendet werden, sind davon ausgenommen. Durch die Verordnung REACH (Registrierung, Evaluierung und Autorisierung von Chemikalien) soll diese Ungleichbehandlung von Neu- und Altstoffen beendet werden.

Globaler Wandel

Grundsätzlich sind solche Umweltveränderungen besonders problematisch, die sehr schnell eintreten und die über große Distanzen hinweg wirken. Das trifft für einen Großteil der von Menschen verursachten Umweltbeeinflussungen zu. Sie überfordern das zeitliche und räumliche Reaktionsvermögen von Organismen und Ökosystemen. Erstmals wirkt sich heute menschliches Handeln auf die Erde als Ganzes aus. Dieser in seiner Geschwindigkeit einzigartige, vielfach bedrohliche Prozess wird als »globaler Wandel« bezeichnet.

Die Transformation der Umwelt umfasst vor allem die Klimaerwärmung, die Zerstörung von Böden (Bodendegradation), den Rückgang der Artenvielfalt, die Verknappung und Verschmutzung von Süßwasser sowie die Übernutzung und Verschmutzung der Meere. Kritische Entwicklungen sind auch im gesellschaftlichen Bereich auszumachen: Die Weltbevölkerung wächst, Nahrungsmittel und Trinkwasser sind ungleich verteilt, neue Gesundheitsrisiken bedrohen die Menschheit und die sozioökonomischen Unterschiede innerhalb der Gesellschaften und zwischen den Ländern vergrößern sich.

Nach den Erkenntnissen des Wissenschaftlichen Beirats der Bundesregierung für Globale Umweltveränderungen (WBGU) laufen die Wechselwirkungen zwischen Zivilisation und Umwelt in vielen Regionen der

Tiefe und breite Narben
Die Förderung von Rohstoffen reißt riesige Wunden: Jahrtausendealte Ökosysteme inklusive der Pflanzendecke, des Bodens und der Wassersysteme werden durch den Tagebau vernichtet.

Welt häufig nach typischen Mustern ab. Demnach lässt sich die komplexe globale Umwelt- und Entwicklungsproblematik auf eine überschaubare Anzahl von Mustern der Umweltschädigung als »Syndrome des globalen Wandels« zusammenfassen (s. S. 40). Analog zum medizinischen Begriff lassen sich diese Syndrome als »global bedeutsame Krankheitsbilder« beschreiben, die lokal durchaus unterschiedliche Effekte haben können. Bei der Syndromgruppe »Nutzung« handelt es sich um Entwicklungen, die infolge einer einseitigen oder sorglosen Ausbeutung von Naturschätzen auftreten. Die Gruppe »Entwicklung« umfasst Syndrome, die sich aus nicht-nachhaltigen

Fortschrittsprozessen ergeben, und der Gruppe »Senken« werden jene zugeordnet, die aus einer unangepassten Entsorgung von Stoffen in Boden, Wasser oder Luft entstehen.

Wesentlich für jedes der Syndrome ist ihr Querschnittscharakter; beispielsweise umfasst das »Favela-Syndrom« gleichermaßen Umweltzerstörung *und* Verelendung in städtischen Siedlungen, vor allem in Entwicklungsländern. In den Slumgebieten der großen Städte wird die Lage durch die Zuwanderung vom Land zusätzlich verschärft. Eine wichtige Ursache hierfür ist wiederum das »Grüne-Revolution-Syndrom«, durch das die wirtschaftlichen und regionalen Unterschiede im ländlichen Raum weiter angewachsen sind. Im Rahmen der so genannten Grünen Revolution verdrängten neue Hochertragssorten von Kulturpflanzen die lokalen Rassen und die angepassten Landbaumethoden. Die hohen Erträge waren nur durch neue Anbauverfahren (Dünger, Pflanzenschutzmittel, Landmaschinen) zu erreichen, die wiederum viele Bauern und Landarbeiter in den Ruin trieben oder arbeitslos machten.

Mangelware
Wasser ist in vielen Teilen der Welt die kostbarste aller Ressourcen – und zugleich diejenige, die am verschwenderischsten verbraucht wird. Auf der arabischen Halbinsel werden in großem Maße die unterirdischen Wasservorräte angezapft. Diese Vorräte füllen sich nur äußerst langsam wieder auf, sodass immer tiefer gebohrt werden muss.

Die Syndrome des globalen Wandels

Syndromgruppe »Nutzung«

Sahel-Syndrom
Landwirtschaftliche Übernutzung marginaler Standorte (benannt nach dem Sahel-Streifen südlich der Sahara, einem Trockengürtel im Übergangsbereich zwischen Wüste und Savanne)

Raubbau-Syndrom
Raubbau an natürlichen Ökosystemen

Landflucht-Syndrom
Umweltzerstörung durch Preisgabe traditioneller Landnutzungsformen

Dust-Bowl-Syndrom
Nicht nachhaltige industrielle Bewirtschaftung von Böden und Gewässern (nach den Staubstürmen der »Staubschüssel« in Oklahoma, USA, in den 1930er Jahren)

Katanga-Syndrom
Umweltzerstörung durch Abbau nicht erneuerbarer Ressourcen (nach der rohstoffreichen Provinz Katanga in der Republik Kongo)

Massentourismus-Syndrom
Erschließung und Schädigung von Naturräumen für Erholungszwecke

Verbrannte-Erde-Syndrom
Umweltzerstörung durch militärische Nutzung

Syndromgruppe »Entwicklung«

Aralsee-Syndrom
Umweltschädigung durch zielgerichtete Naturraumgestaltung im Rahmen von Großprojekten (nach dem Aralsee in Kasachstan und Usbekistan)

Grüne-Revolution-Syndrom
Umweltzerstörung durch Verbreitung standortfremder landwirtschaftlicher Produktionsverfahren

Kleine-Tiger-Syndrom
Vernachlässigung ökologischer Standards im Zuge hochdynamischen Wirtschaftswachstums

Favela-Syndrom
Umweltzerstörung durch ungeregelte Urbanisierung (Favelas sind Armensiedlungen in den Außenbezirken brasilianischer Städte)

Suburbia-Syndrom
Landschaftsschädigung durch geplante Expansion von Stadt- und Infrastrukturen (suburbia bedeutet Vorstadt)

Havarie-Syndrom
Singuläre von Menschen verursachte Umweltkatastrophen mit längerfristigen Auswirkungen

Syndromgruppe »Senken«

Hoher-Schornstein-Syndrom
Umweltbelastung durch weiträumige diffuse Verteilung von meist langlebigen Wirkstoffen

Müllkippen-Syndrom
Umweltverbrauch durch geregelte und ungeregelte Deponierung von Abfällen

Altlasten-Syndrom
Lokale Verseuchung von Umweltgütern, vorwiegend an industriellen Produktionsstandorten

Leben im Slum
Armut ist sehr häufig die Ursache von Umweltproblemen. Umgekehrt folgen auf Probleme, die durch Über- oder Fehlnutzung der Umwelt ausgelöst werden, oft Armut und Flucht.

So wie die Syndrome Auswirkungen auf Umwelt, Wirtschaft und Gesellschaft beschreiben, so werden diese drei Aspekte auch beim Konzept der Nachhaltigkeit immer zusammen betrachtet. Nachhaltigkeit *(sustainability)* bezieht sich immer auf die Gestaltung anstehender Entwicklungen, weshalb auch oft von nachhaltiger Entwicklung *(sustainable development)* gesprochen wird. Die Entwicklungen sind dann nachhaltig – oder auch »zukunftsfähig« –, wenn sie Umweltgesichtspunkte gleichberechtigt neben sozialen und wirtschaftlichen Aspekten berücksichtigen. In diesem

Die drei Säulen der Nachhaltigkeit
Innerhalb des magischen Dreiecks der Nachhaltigkeit spielen die drei Aspekte **Soziales**, **Ökologie** und **Ökonomie** die maßgebliche Rolle. Sie stehen in Wechselwirkung miteinander und können nicht isoliert voneinander betrachtet oder gar gegeneinander aufgewogen werden.

Opfer des Tourismus
Immer mehr Menschen suchen Erholung in der »Natur«. Der Massentourismus zerstört oft die Landschaft, die er eigentlich sucht. In den Bergen haben die skigerecht planierten Hänge keine Chance, sich zu regenerieren.

Zusammenhang spricht man auch von den »drei Säulen« oder dem »magischen Dreieck« der Nachhaltigkeit. So kann etwa Wirtschaftswachstum nur dann nachhaltig sein, wenn es nicht gleichzeitig neue soziale Ungerechtigkeit bei der Verteilung des zur Verfügung stehenden Einkommens schafft oder zu weiteren Umweltbelastungen etwa durch vermehrten Ressourcenverbrauch oder steigende Schadstoffemissionen beiträgt.

Die ökologische Tragfähigkeit der Erde

Gibt es eine maximale Anzahl Menschen, die die Erde als Lebensraum verkraften kann? 1972 entwickelte der Zukunftsforscher Dennis Meadows in der Studie »Die Grenzen des Wachstums – Bericht des Club of Rome zur Lage der Menschheit« Szenarien von der raschen Endlichkeit der mineralischen Ressourcen. Der Bericht wurde zu einem der wichtigsten Bücher der Umweltdiskussion.

Tatsächlich sind die Vorräte an Rohstoffen erheblich größer als damals angenommen. Dennoch ist nach Ansicht vieler Experten die »ökologische Tragfähigkeit« der Erde erreicht. Damit wird künftigen Generationen die Lebensgrundlage entzogen. Hinter der Diskussion

»Natur«-Katastrophe
Das, was der Mensch gerne als Naturkatastrophe bezeichnet, ist in vielen Fällen hausgemacht. Die Überschwemmung auf dem Bild geht einher mit einem massiven Abtrag des Bodens (Erosion) der in intensiver Monokultur bewirtschafteten Landwirtschaftsflächen.

um die ökologische Tragfähigkeit stehen unter anderem die Fragen: Wie viele Menschen können wie lange von den nutzbaren Ressourcen der Erde leben? Wie viele Abfälle und Schadstoffe kann die Natur verkraften? Wie können die Naturressourcen gerecht verteilt werden?

Eines ist dabei klar: Es steht vorerst nur diese eine Erde zur Verfügung. Im Jahr 2050 werden rund 9,4 Milliarden Menschen leben. Und alle diese Menschen haben grundsätzlich das gleiche Recht auf Wohlstand. Die Frage, wie dieses Recht ohne noch stärkere Eingriffe in die Umwelt eingelöst werden kann, bleibt zunächst offen.

Leben auf großem Fuß
Ein Maß für die Nutzung der Natur durch den Menschen ist der »ökologische Fußabdruck«. Er beschreibt die Größe der beanspruchten Naturfläche für Rohstoff-, Energie- und Nahrungsgewinnung, für Wohn- und Verkehrsflächen und zur Entsorgung von Abfällen und Schadstoffen.
Der »Fußabdruck« eines durchschnittlichen Europäers beträgt rund 4,7 ha. Wenn alle Menschen auf der Welt so leben würden, bräuchten wir mehr als zwei Erden. Da Europa pro Person nur 2,3 ha zur Verfügung stellen kann, leben die Europäer auf Kosten der kommenden Generationen und anderer Länder, in denen sie (etwa über Rohstoffimporte) einen Teil der benötigten Fläche belegen.
Wer seinen ganz persönlichen Fußabdruck bilanzieren möchte, der kann dies im Internet unter www.econautix.de oder unter www.footprint.ch tun.

Klima

Während bis vor wenigen Jahren kaum jemand den Unterschied zwischen Wetter und Klima kannte, ist heute der vom Menschen verursachte Klimawandel eines der populärsten Umweltthemen.

Der natürliche Treibhauseffekt der Atmosphäre (s. S. 10) erhöht die durchschnittliche Temperatur und beschert der Erde eine globale Durchschnittstemperatur von +15 °C. In den letzten Jahrhunderten ist durch

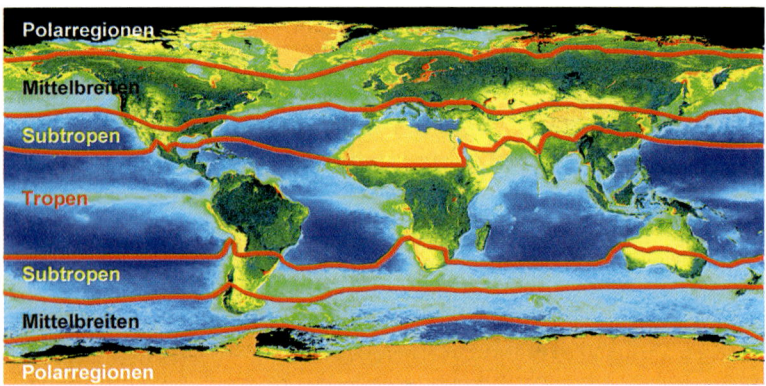

Klimazonen der Erde
Der Sonnenstand (Tageslänge, Jahresverlauf) bestimmt wesentlich die klimatischen Verhältnisse auf der Erde. Da die Sonneneinstrahlung je nach geografischer Breite variiert, ergeben sich bänderartige Zonen ähnlicher klimatischer Bedingungen, die sich auch deutlich in der Vegetation niederschlagen. Ihre letztliche Verteilung erhalten diese Klimazonen durch die globale Land-Meer-Verteilung, das Relief der Erdoberfläche sowie warme und kalte Meeres- oder Luftströmungen.

menschliche Aktivitäten der Anteil klimawirksamer Gase (Treibhausgase) in der Atmosphäre stark angestiegen. Durch Industrie, Haushalte, Verkehr und Landwirtschaft erhöht sich die Konzentration der langlebigen Treibhausgase fortlaufend: seit Beginn der Industrialisierung bis heute bei Kohlendioxid um gut 30 %, bei Methan um etwa 150 %, bei Distickstoffoxid um rund 17 %.

Hinzu kommen synthetische Substanzen wie Fluorchlorkohlenwasserstoffe, Schwefelhexafluorid und bodennahes Ozon. Das hat Auswirkungen auf das Klima: Der verstärkte Treibhauseffekt führt zu einer Erhöhung der Temperatur der Erdoberfläche und der unteren Atmosphäre. Die Klimaspezialisten des Intergovernmental Panel on Climate Change (IPCC) erwarten, dass bis 2100 die globale Mitteltemperatur zwischen 1,4 °C und 5,8 °C ansteigen wird.

Die Treibhausgase

Die Gase, die den anthropogenen Treibhauseffekt aus-
lösen, stammen aus verschiedenen Quellen: Kohlendioxid wird vor allem bei der Verbrennung fossiler
Brennstoffe (rund 18,3 Mrd. t/Jahr) und der Brandrodung (rund 8,8 Mrd. t/Jahr) freigesetzt. Methanquellen
sind die intensive Landwirtschaft (Massentierhaltung,
Kunstdünger, Reisanbau), Mülldeponien, Kohleberg-
werke sowie Förderung und Transport von Erdgas.
Distickstoffoxid, das mehr als 300-mal so treibhauswirksam wie Kohlendioxid ist, entsteht in der Landwirtschaft, der Industrie und im Verkehr.

Die rein synthetischen Fluorchlorkohlenwasserstoffe
(FCKW) wurden jahrzehntelang in Spraydosen, bei der
Schaumstoffherstellung, als Lösungs- und Reinigungsmittel und in der Kältetechnik verwendet. Da sie für
den Abbau der Ozonschicht in der Stratosphäre verant-

Hauptverursacher des anthropogenen Treibhauseffekts

Kohlendioxid (CO_2)	62 %
Methan (CH_4)	20 %
FCKW	12 %
Distickstoffoxid (N_2O)	6 %

Der vom Menschen verursachte (anthropogene) Treibhauseffekt wird vor allem durch die auch natürlich vorkommenden
Gase Kohlendioxid, Methan und Distickstoffoxid (Lachgas)
sowie synthetische Fluorchlorkohlenwasserstoffe ausgelöst.
Hinzu kommen das synthetische Gas Schwefelhexafluorid sowie das bodennahe Ozon. Diese beiden zuletzt genannten
Gase werden in den meisten Darstellungen zum Treibhauseffekt nicht aufgeführt, der Anteil des Ozons wird auf bis zu 9 %
geschätzt.

Landnutzung
Die Umwandlung natürlicher Ökosysteme in landwirtschaftliche Flächen wird aufgrund des Bevölkerungswachstums noch weiter zunehmen. Dies bedeutet, dass auch die Treibhausgasemissionen aus Landnutzungsänderungen und intensivierter Landnutzung ansteigen werden. Bei anhaltender Klimaänderung können Ökosysteme, die heute eine Kohlenstoff-Senke darstellen, zu einer Kohlenstoff-Quelle werden.

wortlich sind, wurden FCKW in vielen Staaten Ende der 1990er Jahre verboten; ihre mittlere Verweildauer in der Atmosphäre beträgt jedoch zwischen 44 und 180 Jahren. Als Ersatzstoffe werden heute teilhalogenierte Fluorchlorkohlenwasserstoffe und andere Fluorkohlenwasserstoffe eingesetzt, da sie die Ozonschicht nicht zerstören. Allerdings wirken sie als Treibhausgase. Ihre Konzentrationen in der Atmosphäre steigen teilweise gegenwärtig noch an.

Ebenfalls ein synthetisches Gas ist Schwefelhexafluorid (SF_6). Es wird in Hochspannungsanlagen der Schwerindustrie und als Füllgas in Schallschutzfenstern und Autoreifen eingesetzt. SF_6 ist das Gas mit dem höchsten Treibhauspotenzial. Eine Tonne belastet die Atmosphäre genauso stark wie etwa 23.900 t CO_2.

Treibhauswirksam ist auch das Ozon, das bodennah in der unteren Troposphäre vorkommt. Es entsteht hier durch photochemische Reaktionen (bei hoher Sonneneinstrahlung) aus Verkehrsemissionen (Stickoxiden, Kohlenmonoxid und flüchtigen organischen Verbindungen).

Steigender Meeresspiegel
Steigt die Temperatur der Atmosphäre, steigt auch der Meeresspiegel an, denn einerseits dehnt die globale Erwärmung das Volumen der Ozeane und andererseits liefern die schmelzenden Gletscher zusätzliches Wasser. Würde das gesamte Inlandeis von Grönland

schmelzen, stiege weltweit der Meeresspiegel um 7 m. Das Abschmelzen des arktischen Meereises hingegen hat keine Auswirkungen auf die Höhe des Meeresspiegels.

Forscher rechnen mit einem Anstieg des Meeresspiegels um bis zu 90 cm bis 2100 – üblich waren bisher etwa 25 cm in 100 Jahren. Küstenregionen und Inseln drohen überflutet zu werden, so zum Beispiel die Inseln der Südsee: Rund 1.000 Einwohner der Cataret-Inseln, einem Teil Papua-Neuguineas, werden die Ersten sein, die aufgrund der Auswirkungen des Klimawandels ihre Heimat verlassen müssen, denn Berechnungen zufolge sollen die Inseln bis zum Jahr 2015 vollständig überspült sein.

Auch an der Nordseeküste wird der Anstieg des Meeresspiegels sich beschleunigen: Steigt das Meer, so entwickelt es an der Küste einen »Sandhunger«. Die Küsten werden verstärkt abgetragen. Küstenbereiche, die von der Nordsee gut mit Sedimenten (vor allem Sand) versorgt werden, können beim Anstieg des Meeresspiegels den Abstand zwischen Wasserspiegel und Meeresgrund konstant halten. Bei Sylt hingegen geht den Watten das Sediment aus – sie »ertrinken« bei weiter steigenden Wasserständen; bei Niedrigwasser tauchen sie dann nicht mehr auf. Die produktive Wattfauna verliert Terrain und die Vogelschwärme ihre Nahrung.

Erste Opfer des ansteigenden Meeresspiegels
Die Bewohner der Südseeinseln kämpfen gegen den steigenden Meeresspiegel, der zunehmend Strandabschnitte wegspült und Lagunen im Pazifik verschwinden lässt. Immer häufiger überschwemmt die Flut etwa die Hütten des Inselstaates Tuvalu. Während des 20. Jahrhunderts stiegen die weltweiten Meeresspiegel bis zu 2,5 cm alle 12 Jahre an. Seit 1993 sind es 6 bis 7 cm.

Verschiebung der Klimazonen

Wenn sich die globale Mitteltemperatur erhöht, so heißt dies nicht, dass es überall gleichmäßig wärmer würde. Regional werden sich die Temperatur- und Niederschlagsverhältnisse ändern. Die Wüstengürtel werden sich Prognosen zufolge verbreitern und die regenreichen Zonen auf der Erde in Richtung der Pole wandern. Dadurch verschieben sich auch die Vegetationszonen und die Anbaugrenzen für Kulturpflanzen – das kann sich im Einzelfall positiv oder negativ auswirken.

Sicher sind sich Forscher, dass es zum Anstieg des Temperatur- und Druckgefälles zwischen dem Äquator

und den Polen sowie zur Zunahme der mittleren Windgeschwindigkeit in allen Breiten kommen wird. Möglicherweise wird also die Anzahl und Schwere von Stürmen in einigen Regionen zunehmen. Im Bereich des Nordatlantiks ist dies bereits zu beobachten.

Schmilzendes Eis
Wenn die Erwärmung der Erde nicht gestoppt wird, schmilzen möglicherweise die Eisdecken der Antarktis und Grönlands. Würde das gesamte Inlandeis von Grönland schmilzen, stiege weltweit das Meer um 7 Meter. Aber auch ein wesentlich geringerer Meeresspiegelanstieg bedeutet für viele Inseln und Küstengebiete eine Katastrophe.

In Europa bedroht der Klimawandel vor allem Bergregionen und den Mittelmeerraum. Dürren und Überschwemmungen werden voraussichtlich zunehmen. Häufigere und längere Trockenperioden, ähnlich den Dürren in den Jahren 2003 und 2005, würden dann die Waldbrandgefahr erhöhen, besonders in Südeuropa. Höhere Temperaturen und weniger Schneefall könnten den Jahresverlauf und die Menge des Wassers in Flüssen verändern. Generell wird eine geringere Wasserführung im Sommer und mehr Wasser im Winter erwartet. Dies würde die Gefahr von Überschwemmungen erhöhen und die Schiffbarkeit ebenso wie die Wasserkraftnutzung im Sommer beeinträchtigen.

Klimaschutzpolitik

Die Fachwelt ist sich weitgehend darüber einig, dass der bereits festzustellende, anthropogen herbeigeführte Klimawandel nicht mehr umzukehren ist. Spricht man also heute von Gegenmaßnahmen, geht es nur um eine Abmilderung der zukünftigen Entwicklung. Vor allem, da eine heute vorgenommene Verminderung der Emissionen erst in einigen Jahrzehnten Wirkung zeigen kann.

Anlässlich der Konferenz der Vereinten Nationen für Umwelt und Entwicklung in Rio de Janeiro 1992 unterzeichneten 154 Staaten eine Klimarahmenkonvention, um den Ausstoß der Treibhausgase weltweit zu re-

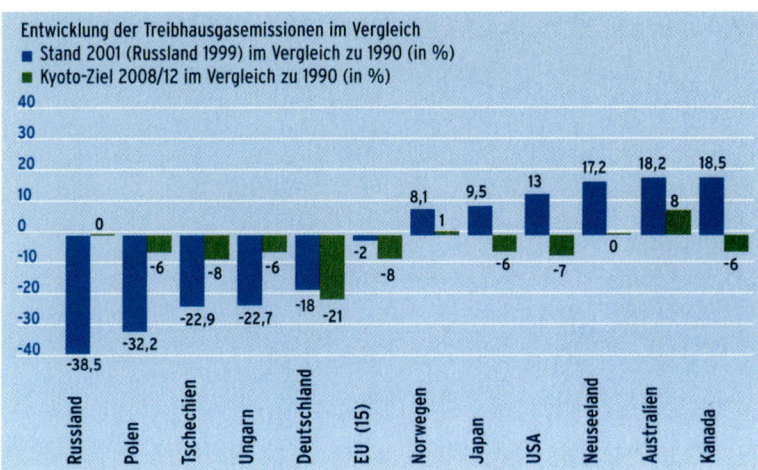

duzieren. 1997 wurden dann in der japanischen Stadt Kioto konkrete, rechtsverbindliche Zusagen vor allem der Industriestaaten festgehalten: Die Industriestaaten sollten die Treibhausgasemissionen bis 2012 um durchschnittlich 5,2 % gegenüber 1990 senken. Auch wenn die USA im Jahr 2001 ihren Ausstieg aus dem Kioto-Protokoll erklärten, konnte es nach der Ratifizierung durch die Mehrheit der beteiligten Staaten einschließlich Russlands 2005 in Kraft treten.

Für die EU ist eine Reduzierung der Emissionen um 8 % vorgesehen. Russland und die Ukraine haben sich dazu verpflichtet, das Emissionsniveau von 1990 nicht zu überschreiten, und für China, Indien und die Entwicklungsländer sind gar keine Beschränkungen vorgesehen. Einige Staaten wie die USA und Australien haben das Protokoll unterzeichnet, wollen es aber nicht ratifizieren. Die Länder der EU gehen mit den Vorgaben sehr unterschiedlich um: Während einige Großproduzenten wie Deutschland, Großbritannien und Polen ihre Emissionen um bis zu 31 % unter den Wert von 1990 drückten, blasen unter anderem Spanien, Italien, Griechenland und Portugal deutlich mehr Treibhausgase in die Atmosphäre.

Weitere Schritte

Deutlich wird: Selbst wenn die dem Protokoll beigetretenen Industrieländer ihre Minderungspflichten einhalten sollten – was unsicher ist –, kann das Kioto-Protokoll die Klimaveränderung nicht aufhalten. Allein 2004 stiegen die Kohlendioxid-Emissionen weltweit um fast 5 % auf mehr als 27 Milliarden Tonnen. Vor allem in China, Indien und Südkorea sind die Emissionen des Treibhausgases gewaltig gestiegen. Gegenüber 1990 haben sie sich jeweils etwa verdoppelt. Spitzenreiter bleiben die USA, die im Jahr 2004 mehr als 5,7 Milliarden Tonnen CO_2 in die Atmosphäre bliesen.

Wenn auch das hart erkämpfte Kioto-Protokoll nur begrenzt Wirkung zeigt, so muss die Klimapolitik nach dem Jahr 2012 umso ambitionierter angegangen werden. Auf dem Weltklimagipfel in Montreal Ende 2005 haben sich mehr als 150 Teilnehmerstaaten darauf verständigt, die Verhandlungen über künftige Klimaschutzziele weiterzuführen. Sie wollen ohne Beteiligung der USA über die Reduzierung der Treibhausgase nach 2012 verhandeln. Der Wissenschaftliche Beirat Globale Umweltveränderungen der Bundesregierung (WBGU) fordert, dass die Industrieländer bis 2050 ihre Treibhausgasemissionen um 70 bis 80 % reduzieren und die Entwicklungsländer ab 2010 ihre Treibhausgasemissionen stabilisieren sollten. Damit wären im Jahr 2050 die Pro-Kopf-Emissionen weltweit etwa gleich.

Treibhausgase begraben?

Wenn es nicht gelingt, weniger klimaschädliches CO_2 zu produzieren, dann könnte es vielleicht sicher deponiert werden. Zunehmend wird in Betracht gezogen, das Gas unter der Erde in leeren Öl- und Gaslagerstätten zu speichern. CO_2 wird unter hohem Energieaufwand zunächst abgeschieden und dann zumeist auf eine hohe Dichte zusammengepresst, sodass es flüssig wird.

Bei den Verhandlungen darüber, wer welche Verantwortung übernehmen soll, geht es nicht zuletzt um das Thema Gerechtigkeit: Wie lassen sich gleiche Umweltnutzungsrechte für alle Menschen durchsetzen? Und wer kommt für die vielfältigen Schäden des nicht verhinderten Klimawandels auf?

Emissionshandel

Anfang 2005 wurde in der EU als ein Instrument des Klimaschutzes der Emissionshandel eingeführt. Emissionen erhalten hierbei einen Marktwert, der die Unternehmen anregen soll, den Ausstoß klimaschädlicher Gase dort zu reduzieren, wo es am kostengünstigsten ist.

Nach dem Motto »cap and trade« – etwa »begrenzen und handeln« – werden einzelnen Wirtschaftssektoren und jeder betroffenen Industrieanlage konkrete Minderungsziele zugewiesen. Ausgehend von dieser Emissionsgesamtmenge erhalten die Unternehmen kostenlose Emissionszertifikate zugeteilt. Sie dürfen nur so viele Schadstoffe ausstoßen, wie sie gerade Zertifikate halten. Die Zertifikate sind handelbar und dienen somit als eine Art Währung. Erreicht das Unternehmen die Ziele durch eigene kostengünstige CO_2-Minderungsmaßnahmen, kann es nicht benötigte Zertifikate am Markt verkaufen. Wenn es keine Minderungsmaßnahmen umsetzen kann oder diese zu teuer wären, muss es Zertifikate am Markt zukaufen. Außer in den eigenen Werken kann ein Unternehmen in anderen Industrieländern emissionsreduzierende Technologien finanzieren und sich die Reduktion selbst anrechnen lassen (»Joint Implementation«) oder auch in Entwicklungsländern, die nicht zur Reduktion verpflichtet sind, mit »sauberen« Technologien die umweltverträgliche Entwicklung vorantreiben und damit Emissionsguthaben erwerben (»Clean Development Mechanism«).

Da CO_2 weltweit für rund die Hälfte des Treibhauseffektes verantwortlich ist, beschränkt sich der EU-Emissionshandel zunächst auf diese Emission. Ab 2008 können die Mitgliedsstaaten auch die übrigen vom Kioto-Protokoll erfassten Gase in das System einbeziehen. Die europäische Emissionshandelsrichtlinie zielt zunächst auf Kraftwerke und einige energieintensive Industriebranchen ab. Es wurden rund 5.000 Anlagen erfasst, die rund 46 % der CO_2-Emissionen in der EU verursachen.

Zerstörung der Ozonschicht

In einer Höhe von rund 25–50 km umgibt die Ozonschicht die Erde wie ein schützender Filter. Das stratosphärische Ozon (O_3) verhindert, dass eine zu große Menge der für Lebewesen schädlichen kurzwelligen ultravioletten Strahlung auf die Erdoberfläche fällt. Diese Strahlen können Landlebewesen schädigen und Krebs verursachen. Das stratosphärische Ozon wird gebildet, indem molekularer Sauerstoff (O_2) von UV-Strahlung in zwei Atome gespalten wird, die wiederum mit O_2-Molekülen zu Ozon reagieren. Ohne Einwirkungen von außen befinden sich die Auf- und Abbauprozesse von Ozon global gesehen im Gleichgewicht. Verantwortlich für den raschen Ozonabbau, der zum so genannten Ozonloch führt, sind die FCKW. Sie sind extrem stabil und können Jahrzehnte in der unteren Atmosphärenschicht verbleiben. Gelangen sie jedoch in höhere Schichten, zerfallen sie unter dem Einfluss der UV-Strahlung. Die dabei freigesetzten Chloratome zerstören das Ozon nicht nur, sie erschweren auch seine Neubildung, da sie die Zahl der freien Sauerstoffatome reduzieren.

In den 1990er Jahren einigten sich die Industrieländer auf ein Verbot der Herstellung von FCKW. Die Emissionen sind seitdem auch deutlich zurückgegangen, die extreme Haltbarkeit der FCKW führt jedoch dazu, dass der heute beobachtete Ozonschwund größtenteils auf Verbindungen zurückgeht, die schon in den 1950er und 1960er Jahren emittiert worden sind. Daher erwarten Wissenschaftler eine Erholung der Ozonschicht in frühestens 50 Jahren.

Ozonzerstörung
Ist die Konzentration des stratosphärischen Ozons regional um zwei Drittel verringert, so spricht man von einem »Ozonloch«. Die schnelle Abnahme der Ozonkonzentration in der Stratosphäre wird seit etwa 1980 jedes Jahr in zunehmendem Ausmaß über der Antarktis beobachtet. Im September 2003 umfasste das Ozonloch dort bereits eine Fläche von 30 Mio. km².

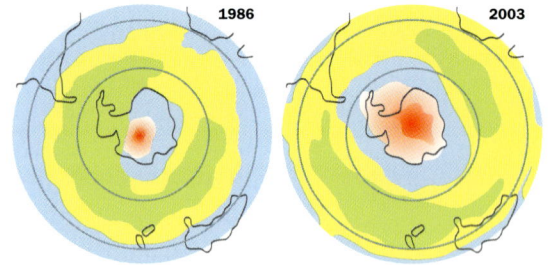

1986   2003

Die Meere: überschätzte Riesen

Das Meer bedeckt 71 % der Erdoberfläche und ist damit der größte Lebensraum. Durch die Kontinente wird die zusammenhängende Wassermasse in drei Ozeane gegliedert: den Atlantischen, den Indischen und den Pazifischen Ozean. An den tiefsten Stellen ist das Wasser über 11.000 m tief, im Mittel 3.800 m. Insgesamt hat das Meer ein Volumen von 1,3 Milliarden Kubikkilometern und damit einen Anteil von 96,5 % am Weltwasservorkommen. Meerwasser ist wegen des hohen Salzgehaltes von rund 3,5 % weder zum Trinken noch für die Bewässerung landwirtschaftlich genutzter Flächen geeignet.

Als Lebensraum übertrifft das Meer an Ausdehnung das Land um ein Vielfaches, weil es in allen Dimensionen bevölkert ist. Mehr als 80 % der Lebewesen bewohnen die obersten 1.000 m. Leben gibt es in allen Tiefenbereichen, obwohl das Licht der Sonne nur in die ersten 100 m eindringt. In diesen sonnendurchfluteten oberen Schichten herrscht auch die größte biologische Produktivität (vor allem durch das Zoo- und Phytoplankton). Die pflanzlichen Meeresorganismen tragen zu ungefähr 70 % zur weltweiten Sauerstoffproduktion bei.

Der fruchtbarste und nährstoffreichste Bereich der Ozeane, die Küstenzone, macht zwar nur 10 % des ozeanischen Raumes aus, sie beherbergt aber 90 % Prozent aller im Meer lebenden Arten. Küstennahe Feuchtgebiete stellen einen weiteren, ausgesprochen bedeutsamen Lebensraum für Fische, Vögel und Pflanzen dar. Küstenfeuchtgebiete sind Landstriche, die permanent oder nur einen Teil des Jahres von Meerwasser bedeckt sind. Sie sind Lebensraum für eine große Anzahl von Arten und spielen eine wichtige Rolle für die Qualität des Küstenwassers, da hier Schmutz- und Nährstoffe herausgefiltert werden. Beispiele für küstennahe Feucht-

Küstenformen
Die Kräfte des Meeres glätten im Laufe der Zeit jede Küste. Sie tragen Landspitzen ab und füllen Buchten mit Sedimenten. Viele Küsten haben diesen Zustand noch nicht erreicht, da der Meeresspiegel erst vor rund 5.000 Jahren auf seine jetzige Höhe angestiegen ist.

Mangrove
Das salzwassertolerante Ökosystem der Mangroven besteht aus tropischen Gezeitenwäldern an der Grenze von Land und Meer. Die relativ artenarmen, aber hochproduktiven Mangroven sind wichtige Aufwuchsgebiete für Fische, Krebse und Garnelen. Sie sind außerdem ein wichtiger natürlicher Schutz gegen Küstenerosion.

gebiete sind Buchten und Lagunen, Wattenmeere oder Sümpfe. Sie schützen die Küste vor Überschwemmungen und bewahren sie vor sturmbedingten Erosionsschäden.

Das offene Meer macht 90 % der gesamten Ozeanfläche aus. Hier leben nur rund 10 % aller Meeresspezies. Der Nährstoffgehalt ist niedrig und der Gehalt an gelöstem Sauerstoff hoch. Aus Mangel an Licht kommen in der Tiefsee keine Produzenten vor. Am Grunde der Tiefsee leben viele Destruenten (Zersetzer), die das abgestorbene Material, das hinuntersinkt, zersetzen und in Nährstoffe umwandeln.

Die Ozeane haben eine regulierende Wirkung auf das Weltklima. Kaltes Meereswasser kommt von den Polregionen, fließt an der Westseite der Kontinente zum Äquator und wärmt sich dabei auf. Warmes Meereswasser fließt vom Äquator Richtung Pol, vor allem an der Ostseite der Kontinente entlang und gibt dabei Wärme ab. Durch diese Strömungen wird unser Klima ausgeglichen und Nährstoffe werden über große Strecken verfrachtet. Kalte und warme Meeresströmungen bestimmen die Verteilung des Lebens im Meer mit. Empfindliche Meeresbewohner, wie etwa die riffbildenden Korallen, bevorzugen eine konstante Temperatur um die 25 bis 27 Grad. Sie siedeln sich am Äquator an, wo die jahreszeitlichen Temperaturschwankungen nur etwa zwei Grad betragen. Korallenriffe sind die aquatischen Lebensräume mit der größten biologischen Vielfalt.

Unendliche Weiten – und doch nicht unendlich belastbar

Die Meere sind das letzte Glied in der Kette der Wasserverschmutzung: In sie münden die Fließgewässer und mit ihnen die Schad- und Nährstofffracht aus Gewerbe, Industrie, privaten Haushalten und der Landwirtschaft. Da die Verdünnungskraft der Meere lange überschätzt wurde, galt das Einbringen von Abwässern und Abfällen als rechtmäßige Nutzung. Belastungen aus der Schifffahrt, dem Betrieb von Offshore-Anlagen zur Öl- und Gasförderung sowie atomaren Wiederaufbereitungsanlagen kamen hinzu. Die Selbstreinigungskraft der Meere wurde und wird durch Landgewinnungsmaßnahmen in den biologisch aktiven Zonen, wie dem Watt der Nordsee, oder durch die Vernichtung der tropischen Mangroven erheblich gemindert.

Tod durch Treibgut
Als normale Entsorgung auf Schiffen gilt immer noch, den Müll einfach über Bord zu werfen. Viele Tiere gehen qualvoll zu Grunde, wenn sie sich in Treibgut wie Plastikverpackungen, alten Netzen oder Tauen verfangen.

In den Abkommen zum Schutz von Nordatlantik (OSPAR) und Ostsee (HELCOM) legten 1998 die Umweltminister der Anrainerstaaten das so genannte Ge-

Atomare Müllkippe
Noch heute dienen etwa die Nordsee und der Nordostatlantik als Müllkippe der atomaren Wiederaufarbeitungsanlagen La Hague (Frankreich) und Sellafield (England). Knapp 3 Mrd. l radioaktive Abwässer fließen nach Angaben von Greenpeace allein aus Sellafield jährlich ins Meer; aus der Anlage in La Hague gelangen jährlich rund 500 Mill. l in den Ärmelkanal.

Mit Ideen aus der Natur zu weniger Chemie
Der Bewuchs mit Seepocken, Muscheln, Algen (sog. Fouling) erhöht den Wasserwiderstand eines Schiffes um etwa 15 %. Als Gegenmittel wurde bisher das hochgiftige TBT eingesetzt.

nerationenziel fest: Bis zum Jahr 2020 soll der Eintrag gefährlicher Stoffe (rund 400 Substanzen) in die Meere gestoppt sein. Allerdings sind bisher keine Anwendungsverbote erfolgt und konkrete Maßnahmen zur Schadstoffreduktion nur in wenigen Ländern umgesetzt. Besonders gefährlich sind hormonell wirksame Chemikalien und schwer abbaubare organische Verbindungen, die sich in Meerestieren und somit in der Nahrungskette anreichern und im Verdacht stehen, Immunschwäche, Krebs und Fortpflanzungsstörungen zu verursachen. Dazu gehören etwa hochgiftige Stoffe in Schiffsanstrichen, die den Bewuchs von Schiffs-

Mit Ideen aus der Natur zu weniger Chemie
Bei der Entwicklung einer alternativen Antifoulingbeschichtung könnte die Bionik (s. S. 131f.) helfen: Mit Oberflächenstrukturen, die der Haut eines Hais nachempfunden werden. Die Haihaut ist von kleinen Schuppen aus hartem Material bedeckt.

rümpfen mit Algen, Seepocken und Muscheln verhindern, darunter auch das Breitbandbiozid Tributylzinn (TBT), das in das Hormonsystem der Weichtiere eingreift und sie unfruchtbar macht. Weltweit sind dadurch bereits über 100 Arten von Meeresschnecken

Wattenmeer und Nordseeküste

Der natürliche Anstieg des Meeresspiegels um rund 25 cm in 100 Jahren und die von der See bewegten Sedimente waren lange Zeit die Hauptfaktoren für den Verlauf der Nordseeküste und die Entstehung des Wattenmeeres.

Vor rund 1.000 Jahren wurde der Mensch zum wichtigsten Küstengestalter. Die Friesen begannen die Fluss- und Salzmarschen einzudeichen und zu entwässern und nach und nach wurde die landseitige Hälfte des Wattenmeeres in Agrarland und Süßwasserbecken verwandelt. Mit den Deichen wurde eine scharfe Trennlinie zwischen Land und Meer gezogen – weite Übergangszonen gingen verloren. Das einstige ausgedehnte Küstenökosystem mit riesigen Salzwiesen und vielerlei Übergängen zu Sümpfen und Mooren, mit Seegras und ausgedehnten Schlickwatten, wird heute von sandigen Watten beherrscht, die

unmittelbar vor den Deichen beginnen.

Dennoch ist das Wattenmeer der Nordsee auch heute noch mit etwa 8.000 km² das weltweit größte zusammenhängende Gebiet, dessen Meeresboden aus Sand und Schlick bei Ebbe auftaucht. Rund 10 Mio. Watt- und Wasservögel finden dort im Verlauf eines Jahres ihre Nahrung. Auch in anderen Regionen der gemäßigten Klimazonen gibt es Wattenmeere. Das zweitgrößte mit rund 400 km² liegt in Korea.

vom Aussterben bedroht. Die Weltschifffahrtsorganisation der Vereinten Nationen (International Maritime Organization, IMO) hat 2003 ein weltweites totales TBT-Anwendungs-Verbot für Unterwasseranstriche beschlossen und verfügt, dass bis 2008 auch alte TBT-Anstriche von Schiffen entfernt sein sollen. Damit das Abkommen weltweit in Kraft tritt, müssen es allerdings noch etliche Staaten unterzeichnen und in nationales Recht umsetzen.

Einige weitere Schritte zum Schutz der Meere wurden bereits realisiert: Seit 1993 darf beispielsweise Atommüll nicht mehr im Meer versenkt und Dünnsäure nicht mehr im Nordostatlantik verklappt werden. 1999 wurde die Nordsee zum Sondergebiet erklärt, in dem Tanker kein Abwasser aus der Tankwäsche mehr einleiten dürfen; außerhalb der Sondergebiete ist dies allerdings weiterhin gestattet. Erlaubt ist zudem weiterhin, öl- und kraftstoffhaltiges Wasser aus dem Maschinenraum (Bilgenwasser) zu verklappen.

Belastung Schiffsverkehr

Der Schiffsverkehr gehört zu den größten Vergiftern der Meere. Allein die Nordsee weist etwa 420.000

Ladung über Bord
Nicht nur Tanker stellen eine Gefahr für die Meeresumwelt dar. 60 bis 70 % der Ladung von Fracht- und Containerschiffen besteht aus gefährlichen Stoffen wie giftigen Chemikalien und Öl. Und nicht jeder Container kommt in seinem Zielhafen an. Schätzungsweise 500 bis 1.000 Container gehen allein in der südlichen Nordsee jährlich verloren.

Schiffsbewegungen im Jahr auf. Durch den Schiffsverkehr werden seit jeher große Mengen fester Abfallstof-
fe in die Ozeane eingebracht. Durch die zunehmende
Verwendung langlebiger Kunststoffe wurden in den
letzten Jahrzehnten die Meere mehr und mehr mit
Plastikabfällen verunreinigt, darunter winzige Kügel-
chen aus Polyethylen und Polystyrol, die vermutlich
beim Umladen von Ladung verloren gehen, und große
Mengen größerer Verpackungsmüll, der nach wie vor
fast vollständig über Bord geworfen wird.

Häufiges Transportgut der Frachtschiffe sind Chemikalien und Öl. Fast die Hälfte der heute auf den Welt-
meeren eingesetzten Tanker ist älter als 20 Jahre. Immer wieder kommt es immer zu verheerenden Un-
glücken. War der Untergang der »Exxon Valdez« bei
Alaska noch weit entfernt, so schockte die Havarie der
»Erika« die Europäer: 1999 zerbrach vor der bretoni-
schen Küste der mit zähem Rohöl beladene, unter Mal-
ta-Flagge mit indischer Besatzung fahrende Tanker.
Rost hatte für mehrere Bruchstellen gesorgt, das Schiff
hatte keine Doppelhülle. Noch katastrophaler war das
Zerbrechen des morschen, mit 77.000 t Rohöl bela-
denen einwandigen Öltankers »Prestige« vor der galizi-

Ölpest
Nach Havarien von Öl-
tankern oder auch nor-
malen Frachtschiffen
verschmutzt das Öl häu-
fig auch die Küsten.

schen Küste im Dezember 2002. Dieser Unfall hat die größte Umweltkatastrophe in der Geschichte Spaniens verursacht. Mehr als 1.000 km spanischer und französischer Küste wurden verseucht, tausende Tonnen der giftigen Fracht haben sich als zäher Teppich über den Meeresboden gelegt. Jährlich gibt es rund 280 Unglücke allein vor deutschen Küsten. Nach dem Zusammenstoß des Tankers »Baltic Carrier« mit einem Frachter im März 2001 in der Ostsee verölte beispielsweise ein 15 km langer Ölteppich mehr als 25.000 Vögel, ganze Fischschwärme und den Laich von Heringen und Dorschen.

Die Gründe für Seeunfälle liegen in der Regel in menschlichem Fehlverhalten. Viele Frachter fahren unter so genannten Billigflaggen, jenseits der europäischen Sicherheitsstandards und mit Schiffsmannschaften, die mangelhaft qualifiziert und überarbeitet sind.

Darüber hinaus führt immer wieder Materialermüdung der teils sehr alten Frachter, die in der Regel lediglich über eine Schiffswand verfügen, zu Unfällen. Gerade bei Tankschiffen spielt der zweiwandige Schiffskörper eine wichtige Rolle. 1999 hatten erst

Aus Windkraft wird Zugkraft

Schiffe tragen mit rund 7 % erheblich zum weltweiten Stickoxid- und Schwefelausstoß bei. Ein neuer Windantrieb könnte die Schifffahrt revolutionieren. Mit riesigen, heliumgefüllten Lenkdrachen will die Firma SkySails künftig im Mischbetrieb Motor-Wind Schiffe über die Meere ziehen. Fast alle Handels- und Passagierschiffe können angeblich mit dem Antrieb aus- oder nachgerüstet werden.

knapp 40 % aller Öltanker eine Doppelhülle. 2001 hat die IMO daher beschlossen, dass Einhüllentanker nach Alterskriterien zu verschrotten sind. Ab 2015 dürfen in der EU nur noch Zweihüllentanker verkehren.

Überfischung der Meere

Die Meere bieten eine reichhaltige Palette an Organismen, die sich die Menschen zu Nutze machen. Darunter sind vergleichsweise wenige Meerespflanzen. Vorwiegend Braunalgen (Tange) und Rotalgen werden geerntet: als Nahrungsmittel (in Ostasien), Futtermittel,

Überdimensionierte Hochseefischerei
Das Problem der Überfischung ist nicht zuletzt auch eine Folge der technischen Entwicklung. Kleine Boote wurden in den letzten Jahrzehnten durch immer modernere Trawler und Fabrikschiffe ersetzt, die Netze wurden verbessert und mit Echolot können Fischschwärme in weitem Umkreis aufgespürt werden. Die Politik subventioniert die Fischereiindustrie jährlich mit über 10 Milliarden US-Dollar. Besonders die EU »exportiert« ihre Überkapazität und Überfischung in andere Länder (z. B. nach Westafrika, wo die Fabrikschiffe vor der Küste die Lebensgrundlage der Küstenfischer wegfischen) oder auf die Hohe See.

Dünger (Algenkalke im ökologischen Landbau) oder Rohstofflieferanten (Alginate, Agar Agar). In riesigem Umfang gehen Meerestiere in die Netze und dienen überwiegend der Ernährung des Menschen, aber auch als Futtermittel in Landwirtschaft und Aquakultur (Zucht von Fischen, Garnelen etc.).

Weltweit werden pro Jahr rund 85 Millionen t Fisch und Meeresfrüchte gefangen – gut viermal so viel wie Mitte des 20. Jahrhunderts. Die Welternährungsorganisation (Food and Agriculture Organization of the United Nations, FAO) schätzt, dass mittlerweile 75 % der kommerziell genutzten Fischarten überfischt sind oder am Rande der Überfischung stehen, darunter Kabeljau, Scholle, Seezunge und Thunfisch. Fische, die heute gefangen werden, sind längst nicht mehr so groß wie noch Anfang der 1990er Jahre. Sie werden

Nachhaltiger Fischfang

Der Marine Stewardship Council (MSC) hat einen Umweltstandard entwickelt, der Richtlinien für ökologisch verträglich hergestellte Fischprodukte vorgibt. Unter anderem folgende Bedingungen müssen erfüllt sein, damit ein Produkt das MSC-Label tragen darf: In dem jeweiligen Gebiet darf nur so viel Fisch gefangen werden, dass Aufrechterhaltung oder Erholung der Bestände gesichert sind. Und die Fischerei darf andere Teile des Ökosystems – etwa Korallenriffe – nicht beeinträchtigen.

gefangen, bevor sie ausgewachsen sind, und oft, bevor sie sich fortpflanzen konnten. Hochtechnisierte Industriefangflotten durchkämmen die Weltmeere bis in die entlegensten Gebiete und sammeln mit immer effektiveren Fangmethoden die letzten Speisefische ein.

Der angelandete Fisch wird zu über einem Drittel zu Fischmehl verarbeitet, um als Futter in der Massentierhaltung von Hühnern, Schweinen, Lachsen oder Garnelen eingesetzt zu werden – eine ungeheure Ressourcenverschwendung. Neben dem vermarktbaren Fisch landen etwa 20–30 Millionen t Beifang in den Netzen. Zu diesen »ungewünschten« Meerestieren zählen Jungtiere von Nutzfischen, Seesterne, Muscheln, Krebse ebenso wie Delfine, Wale, Haie und Meeresschildkröten. Diese werden tot oder sterbend über Bord gekippt. Alleine in der Nordsee verenden jährlich 7.000 Schweinswale in der Hochsee-Stellnetzfischerei Däne-

Sinnlose Zerstörung

Die industrielle Fischerei zerstört auch Korallen, wenn die Schleppnetze über den Meeresgrund gezogen werden.

marks – weit mehr, als die Population verkraften kann. Viele Seevögel sterben, da sie sich in die Köder der Angelfischerei mit Langleinen verbeißen. Auf dem Meeresgrund hinterlassen Bodenschleppnetze eine Spur der Verwüstung: Sie reißen Korallen, Muscheln, Pflanzen und Schwämme mit sich.

Segen und Fluch der Aquakultur

Kein Bereich in der Nahrungsmittelproduktion wächst so stürmisch wie die Aquakultur. Die Erträge der Fischfarmen steigen jährlich um über 9 %. Angesichts der schrumpfenden Fischbestände in den Ozeanen sind damit große Hoffnungen verbunden. So erwartet die Welthungerhilfe, dass auch ärmere Bevölkerungsgruppen vom steigenden Eiweißangebot aus Aquakultur und von Arbeitsplätzen in den Farmen, in der weiterverarbeitenden Industrie und in der Zulieferindustrie profitieren.

Trauriger Beifang
Wale und andere Meeressäuger, deren Fang eigentlich verboten ist, verfangen sich in den Netzen und ertrinken, bevor sie an Bord gezogen werden. Dann werden sie als unerwünschter Beifang wieder ins Meer geworfen.

Doch wie so oft bringt der vermeintliche Fortschritt viele Probleme mit sich: Die kapitalintensiven Süßwasserzuchtbetriebe treten mit bäuerlichen Landwirtschaftsflächen – etwa Reisfeldern – in Konkurrenz um die knappen Süßwasser- und Bodenressourcen. Bei der Ernte der Tiere wird das Wasser aus den Zuchtbecken mit Exkrementen, Futterresten, Wachstumsbeschleunigern und Medikamenten abgelassen und gelangt ungeklärt in Flüsse und das Meer. Für die Fütterung der Zuchttiere werden kleinere Meeresfische und Fischmehl eingesetzt, mit der absurden Folge, dass ein erheblicher Teil des Wildfischbestandes für die Zucht verschwendet wird.

Der Ausbau des Shrimp-Farmings geht vor allem zu Lasten der Mangroven. An den tropischen Küsten werden für Fisch- und Garnelenzuchtbecken in riesigem Ausmaß die Wälder der Mangrovensümpfe abgeholzt.

Zwischen lokaler Entwicklung und Zerstörung

In vielen tropischen Ländern wurden Küstenbereiche in Shrimp-Produktionszonen für den Export verwandelt. Hintergrund ist die Hoffnung, dass die Armut abnehme und die Wirtschaft wachse. Doch nur wenige Ortsansässige profitieren davon. Stattdessen treten Krankheiten und Umweltprobleme auf. Erfahrungen aus den Philippinen zeigen, dass Aquakultur durchaus langfristig die Ernährungs- und Einkommenssituation verbessern kann, ohne die Umwelt auszubeuten: dann, wenn sie weniger intensiv und nicht als Monokultur betrieben wird.

Auf Java gingen beispielsweise 70 % der Mangroven verloren, auf Sulawesi rund die Hälfte. Die artenreichen Küstenwälder sind die Kinderstube von etwa drei Vierteln aller kommerziell genutzten Fischarten. Die Fische verbringen einen Teil ihres Lebenszyklus in den Mangrovensümpfen. Die Mangrovenwälder sind außerdem ein wichtiger Schutz der Küstenregionen vor großen Wellen: Sie bremsen die Wucht der Zyklone. Auf dramatische Weise hat sich bei der Tsunami-Flutkatastrophe Ende des Jahres 2004 gezeigt, wie

Was bedeutet die Klimaerwärmung für die Ozeane?

Zunehmend wird der Temperaturanstieg durch den Klimawandel zur Bedrohung der Meere. Meeresbiologen erwarten, dass die Erwärmung der Ozeane und der Anstieg des CO_2-Gehaltes der Erdatmosphäre die Chemie des Meerwassers verändern. Über die Hälfte der anthropogenen CO_2-Emissionen werden im Wasser der Ozeane gelöst. So kommt es zu einer Versauerung des Wassers, wodurch die Konzentration von Calciumkarbonat, das Schnecken, Muscheln, Korallen und Seegurken für ihr Wachstum benötigen, abnimmt. In 50 Jahren werden bereits die ersten Schnecken-Arten ausgestorben sein – aufgelöst vom zu sauren Wasser. Die erhöhte Wassertemperatur hat zudem eine Verschiebung des Artenspektrums zur Folge. Dies ist bereits heute in der Nordsee zu beobachten: Schellfisch und Kabeljau sind im Verlauf der letzten 25 Jahre rund 100 km weiter nach Norden gewandert und mit ihnen 16 andere Arten. Bis 2050 werden Fischarten wie Wittling und Rotbarsch nicht mehr in der Nordsee leben. Verschwunden sind bereits verschiedene Algenarten vor Helgoland, die als Primärproduzenten an der Spitze der Nahrungskette stehen.

Auch für die Korallenriffe wird diese Entwicklung zur Gefahr: Sterben die Algen, die im Gewebe der Korallen sitzen, wegen des wärmeren Wassers, stirbt auch ein Teil der Korallen. Und mit ihnen verschwindet die gesamte Riffgemeinschaft aus Fischen, Krabben und anderen Organismen. Bereits heute sind knapp 70 % der weltweiten Korallenriffe geschädigt, zurzeit vor allem durch die Wasserverschmutzung und die intensive Fischerei.

Hochwasserschutz

Flüssen und Bächen wurde in den vergangenen Jahrzehnten der Raum genommen: Kanalisierung, verkürzte Wasserläufe und Begradigungen, Bebauung der Überschwemmungsgebiete. Bodenverdichtung und -versiegelung sowie Entwaldung bewirken, dass Niederschläge sehr schnell abfließen. Häufige Hochwasser sind die Folge. Über Renaturierungsmaßnahmen versucht man heute teilweise die natürliche Abflussdynamik wieder zuzulassen, Niederschläge ortnah zurückzuhalten und versickern zu lassen und Feuchtgebiete wiederherzustellen.
Überflutungsflächen und Dämme sollen weitere Hochwasserkatastrophen verhindern.

Hochwasser in Köln 1995.

schutzlos die Küstengebiete durch die Abholzung der Mangroven werden.

Süßwasser: ungleich verteilt

Der globale Wasserkreislauf sorgt dafür, dass ständig gereinigtes Niederschlagswasser auf die Erde fällt und somit Pflanzen, Tieren und Menschen zur Verfügung steht. Die globale Wassermenge bleibt konstant, lediglich die Qualität des Wassers verändert sich durch seine Nutzung. Regional gesehen kann Wasser aber sehr wohl »verbraucht« werden: als Trinkwasser und zur Hygiene, als industrielles Kühl- und Prozesswasser sowie zur Bewässerung in der Landwirtschaft. Die Bewässerung eines Hektars Anbaufläche in Trockengebieten erfordert beispielsweise bis zu 10 Millionen Liter pro Jahr. Mindestens 70 % des weltweiten Wasserverbrauchs entfallen daher auf die Landwirtschaft, etwa 20 % auf die industrielle Produktion und nur rund 10 % auf den privaten Konsum.

Je nach den vorherrschenden klimatischen Verhältnissen deckt der Mensch seinen Wasserbedarf aus den Oberflächengewässern oder dem Grundwasser, für die

Wasserschutzgebiete
Zum Schutz des (Grund-) Wassers gelten innerhalb eines Trinkwassereinzugsgebietes Nutzungsbeschränkungen, etwa bei der Düngung oder der Nutzung und dem Transport von wassergefährdenden Stoffen. Viele Länder haben zudem Förderprogramme zum Ausbau des Ökologischen Landbaus aufgelegt.

Landwirtschaft reicht in manchen Klimaten der Niederschlag aus. In Deutschland stammen mehr als 70 % des Trinkwassers aus Grundwasser, 22 % aus Oberflächenwasser und 5 % werden in Ufernähe eines Flusses aus Brunnen gefördert (Uerfiltrat). Besondere Aufmerksamkeit gilt deshalb dem Grundwasser, das vielerorts in erheblichem Umfang verschmutzt und gefährdet ist. Dazu tragen zum einen lokal begrenzte Belastungen durch industrielle Altlasten, Altablagerungen, Unfälle mit wassergefährdenden Stoffen oder undichte Abwasserkanäle bei. Vor allem sind es aber nicht genau festzumachende »diffuse« Belastungen aus Industrie, Landwirtschaft und Verkehr, besonders durch Nitrat, Phosphate und Pflanzenschutzmittel.

Obwohl von den täglich rund 130 Litern verbrauchten Trinkwassers pro Person nur sehr wenig getrunken wird, erfährt unser Leitungswasser eine recht aufwändige und teure Aufbereitung. Dabei werden Stoffe aus dem Wasser entfernt (Reinigung, Sterilisation, Enteisenung, Entmanganung, Enthärtung, Entsalzung) oder

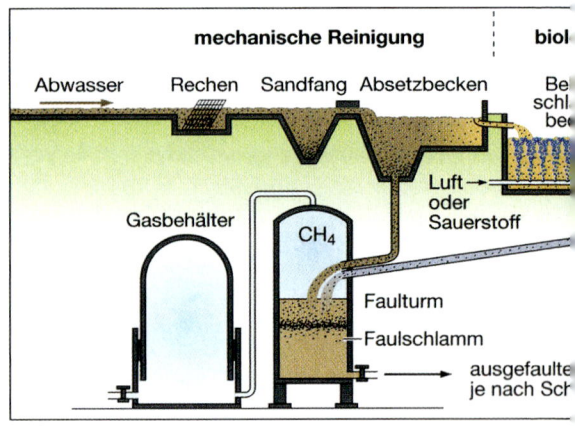

zugefügt (Chlorung, Einstellung des pH-Werts und der Leitfähigkeit).

Wasser nutzen heißt Wasser verschmutzen

Durch Fäkalien und Urin sowie Wasch- und Reinigungsvorgänge in Haushalten und Gewerbe entsteht fortwährend Schmutzwasser. In natürlichen Gewässern werden Schmutzstoffe durch Kleinstlebewesen und Bakterien mit Hilfe von Sauerstoff (aerob) abgebaut. Wird zu viel Schmutz eingeleitet, reicht der Sauerstoff zum Abbau nicht aus. Dann werden andere Bakterienarten aktiv, die Schmutzstoffe ohne Sauerstoff (anaerob) abbauen. Diesen Vorgang nennt man Fäulnis – dabei entstehen giftige Gase und Faulschlamm. Die Selbstreinigungsmechanismen des Wassers sind Vorbild für moderne Kläranlagen. Auch dort sind aerobe und Fäulnisbakterien sowie andere Kleinstlebewesen an der Reinigung beteiligt. Ein Großteil der Verunreinigungen des Wassers wird in Kläranlagen zurückgehalten oder abgebaut.

Aus Kostengründen herrscht in Deutschland eine Mischkanalisation vor: Schmutz- und Regenwasser werden über denselben Kanal abgeleitet. Kläranlagen können jedoch nur eine bestimmte Durchflussmenge an Wasser verarbeiten. Bei starken Regenfällen sammelt sich das Abwasser in Regenüberlaufbecken; so-

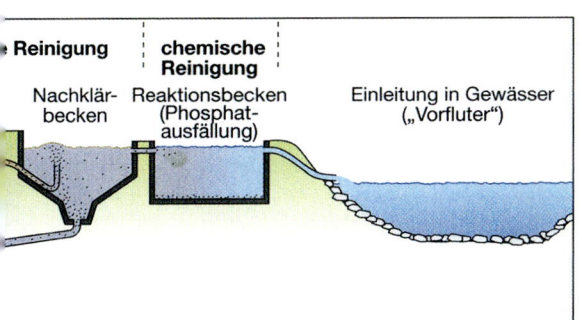

Reinigung | chemische Reinigung

Nachklärbecken | Reaktionsbecken (Phosphatausfällung) | Einleitung in Gewässer („Vorfluter")

...nm
...gehalt zur Deponie oder Verwendung als Humus

Saubere Leistung
Seit Mitte der 1990er Jahre werden in Deutschland über 85 % des anfallenden Abwassers in Kläranlagen behandelt, die über drei Reinigungsstufen verfügen: eine mechanische Stufe, die grobes Material wie Sand, Papier oder Zweige entfernt, eine biologische, in der Bakterien organische Stoffe abbauen, sowie eine chemische mit gezielter Entfernung von Phosphaten.

Es geht auch kleiner

Da der Bau von Kläranlagen und Abwasserkanälen sehr teuer ist, wird eine weitere Erhöhung des Anschlussgrades an Kläranlagen voraussichtlich nur langsam erfolgen, in einigen ländlichen Regionen oder in Entwicklungsländern möglicherweise nie. Hier bieten sich dezentrale, kostengünstige Pflanzenkläranlagen an. Während der Passage des Abwassers durch den von Schilf oder Binsen durchwurzelten Boden wird das Abwasser sowohl mechanisch gefiltert als auch durch die im Boden lebenden Mikroorganismen gereinigt.

bald auch diese gefüllt sind, gelangt der Überlauf ungereinigt in die Flüsse.

Die Erkenntnis, dass es notwendig ist, genutztes Wasser auch zu reinigen, ist relativ jung. Bis zum Beginn der Industrialisierung war das Schmutz- und Schadstoffaufkommen noch so gering, dass sich die Gewässer aus eigener Kraft reinigen konnten. Mit zunehmender Besiedlungsdichte und wachsender Industrieproduktion stieg jedoch der Verschmutzungsgrad. Bis in die 1970er Jahre hinein waren viele Gewässer durch unkontrollierte Abwassereinleitungen der Industrie und unzureichende Abwasserreinigung stark verschmutzt. Durch die Belastung mit schwer abbaubaren organischen Stoffen und mit Schwermetallen waren einige Flüsse wie die Emscher bereits biologisch tot, andere näherten sich diesem Stadium.

Vielfältige politische Bemühungen und technische Fortschritte haben bewirkt, dass sich die Belastung von Flüssen und Seen innerhalb der letzten drei Jahrzehnte verbessert hat. Es ist ein insgesamt deutlicher Rückgang der stofflichen Belastung der Gewässer mit Schwermetallen, organischen Schadstoffen, Stickstoff sowie Phosphat erreicht worden und damit verbunden ein für die Fische lebenswichtiger Anstieg der Sauerstoffkonzentration. Die Trendwende begann mit dem Bau kommunaler Kläranlagen zur Reinigung der Haushaltsabwässer. Größere Industriebetriebe besitzen in der Regel eigene Klärwerke, deren Technik der jeweiligen Abwassersituation angepasst ist.

Problematisch sind heute vor allem die diffusen Quellen: Einträge aus der Landwirtschaft, Lecks in Deponien oder Abwasserkanälen, Abläufe von Regenwasser oder Einträge aus dem Verkehr und von anderen Luftverschmutzern. Außerdem bestehen weiterhin Probleme mit einigen giftigen, schwer abbaubaren organischen Stoffen wie Hexachlorbenzol und Schwermetallen wie etwa Quecksilber, Cadmium und Blei. Die Selbstreinigung der Gewässer funktioniert, solange die Reinigungssysteme mit ihren mikrobiellen Lebensgemeinschaften nicht überfordert werden. Pestizide, Antibiotika und Nitrate aus der Landwirtschaft stellen hier eine ernste Bedrohung dar.

Das wichtigste Lebensmittel wird knapp

Die Süßwasservorräte sind auf der Erde sehr ungleich verteilt. Während die meisten Regionen mit dieser Ressource ausreichend ausgestattet sind, leiden einige, vor allem Entwicklungsländer, unter Wasserknappheit. Wassermangel drückt sich neben klimatisch bedingtem Niederschlagsdefizit vor allem in geringen Grundwasserreserven aus.

Umweltzerstörung, Verschmutzung und übermäßiger Verbrauch machen Wasser zunehmend zur Mangelware: Gegenwärtig haben mehr als 1,2 Milliarden Menschen keinen Zugang zu sauberem Trinkwasser.

Frauensache
In Entwicklungsländern verbringen Frauen bis zu sechs Stunden täglich allein mit der Wasserbeschaffung. Daneben müssen sie sich noch um die Landwirtschaft, die Versorgung der Kinder und die Zubereitung des Essens kümmern.

Etwa 2,4 Milliarden haben keinen Zugang zu sanitären Einrichtungen. Verschmutztes Trinkwasser und mangelnde Abwasserentsorgung sind die Ursachen für 80 % aller Krankheiten in Entwicklungsländern; jährlich sterben zwischen 2,2 und 5 Millionen Menschen an Krankheiten infolge verschmutzten Trinkwassers, fehlender sanitärer Einrichtungen und schlechter hygienischer Bedingungen. Die Mehrheit von ihnen sind Kinder. Diese Situation wird sich nach Prognosen der Weltbank weiter verschärfen. Zu befürchten ist, dass im Jahr 2050 nur etwas mehr als die Hälfte der Weltbevölkerung über ausreichende Wasserreserven verfügen wird.

Somit ist die »Süßwasserkrise« nicht nur ein Problem der Wassermenge, sondern auch ein Qualitätsproblem. Und ein soziales: Armut und der Zugang zu Wasser stehen in den Entwicklungsländern in Wechselbeziehung. Viele Menschen sind arm, weil sie kein Wasser haben. Aber noch mehr Menschen haben kein Wasser, weil sie arm sind.

Landwirtschaft, weltgrößter Wasserverbraucher

Die Bewässerungslandwirtschaft leistet einen wichtigen Beitrag zur globalen Nahrungsproduktion, aktuell zu rund 42 % – mit steigender Tendenz. Gerade in den trockenen Klimazonen, wo das Wasserangebot ohnehin knapp ist, besteht der höchste Bedarf an Bewäs-

Bewässerungslandwirtschaft

Aufgrund des trockenen Klimas ist die Landwirtschaft Afghanistans in hohem Maße von Bewässerungssystemen abhängig. 85 % der Ernte reifen auf Feldern, die durch traditionelle und moderne Technik bewässert werden. Dazu werden die Flüsse umgeleitet, Regenwasser wird aufgefangen und Grundwasser angezapft, das von den Schmelzwässern der Berge aufgefüllt wird.

Regensammler
In Trockengebieten lautet das oberste Gebot des Landbaus, den seltenen Regen am Abfließen zu hindern, damit er versickert. Hinter diesen Mäuerchen in Burkina Faso sammeln sich Wasser und abgewaschene Erde, sodass allmählich fruchtbare Beete entstehen.

serung und zur Tränkung der Viehherden. Um eine Tonne Weizen zu erzeugen, werden dort rund eine Million Liter Wasser benötigt.

Bereits heute überschreiten einige Länder die Regenerationsfähigkeit der Wasserressourcen deutlich. Libyen zum Beispiel verbraucht fast viermal mehr Wasser, als durch Niederschläge den vorhandenen Grundwasserressourcen zufließt. Ähnliches geschieht in anderen Ländern Nordafrikas, im Nahen Osten, in Süd- und Ostasien sowie im Westen der USA. In vielen Regionen der Welt ist das Grundwasser bereits um viele Meter gesunken, es kommt zu Landsenkungen, die Bodenoberfläche trocknet aus. In küstennahen Bereichen dringt oft Salzwasser in die Grundwasserleiter ein.

Umfangreiche Einsparungen wären möglich, würde das Wasser effektiver genutzt. Noch immer versickert in vielen Bewässerungsanlagen mehr als die Hälfte ungenutzt. Dabei können die Bauern mit relativ einfachen Methoden Wasser sparen, wenn sie die Bewässerung den Bodenverhältnissen und den Bedürfnissen der Pflanzen anpassen. Obst und Gemüse können mit Hilfe von Tropfenbewässerung ohne große Verluste direkt bewässert werden. Beim Regenfeldbau lässt sich mit kleinen Dämmen und Auffangbecken Regenwasser sammeln. Bei Anbaumethoden, die schonender in die Bodenstruktur eingreifen und die Bodenoberfläche nicht zerstören (conservation agriculture), bleibt mehr Feuchtigkeit im Boden.

Bereits seit Jahrtausenden baut der Mensch Staudämme: zum Schutz vor Hochwasser, zur Bewässerung der Felder, zur Stromerzeugung, um Flüsse schiffbar zu machen und um Trinkwasser und Wasser für die Industrie bereitzustellen. Während sich in den Industrieländern heute kaum noch Standorte für neue Staudammprojekte finden lassen, sind in den Entwicklungs- und Schwellenländern noch viele Projekte in Planung. Weltweit gibt es derzeit rund 45.000 große Staudämme.

Lange Zeit galten Dämme als Motoren des ökonomischen Fortschritts: Ein Drittel aller Länder greift auf Wasserkraft zur Deckung von mehr als der Hälfte des Energiebedarfs zurück. Rund 30 bis 40 % der weltweit bewässerten Flächen beziehen ihr Wasser aus Stauseen. Daneben ist mit großen Staudämmen die Hoffnung auf Regionalentwicklung, Arbeitsplätze und die Entwicklung einer Industrie mit Exportkapazität verbunden.

Doch oft stoßen die Vorhaben vor Ort auf heftigen Widerstand. Insbesondere der für die lokale Bevölkerung lebenswichtige Fischfang ist von den Veränderungen der Flusssysteme negativ betroffen. Veränderte Überflutungszyklen behindern die Landwirtschaft unterhalb der Dämme, die Wasserqualität ver-

Im Dienste der Städte und der Industrie

Große Staudämme gehören zu den umstrittensten Themen im Rahmen von nachhaltiger Entwicklung. Ihre Befürworter verweisen auf den sozialen und wirtschaftlichen Entwicklungsbedarf, den Staudämme decken sollen, wie Bewässerung, Stromerzeugung, Hochwasserschutz und Wasserversorgung. Ihre Gegner betonen nachteilige Wirkungen wie Schuldenlasten, Kostenüberschreitungen, Vertreibung und Verarmung, die Zerstörung wichtiger Ökosysteme und Fischereiressourcen sowie die ungerechte Verteilung von Kosten und Nutzen.

schlechtert sich sehr oft und die Wassermenge nimmt stark ab, da große Wassermengen für Bewässerungszwecke abgeleitet werden. Bei Hochwasser entstehen unterhalb der Dämme häufig größere Flutwellen als vor dem Dammbau.

Auch international ist in den letzten 30 Jahren die Kritik an Kosten und Risiken der Großstaudämme stark angewachsen. Zwangsumsiedlungen, unzureichende (oder gar keine) Entschädigungen, mangelhafte Umsiedelungskonzepte, irreversible ökologische Schäden, Verlust von Kulturgütern, fehlende Beteiligung von Betroffenen sind nur einige Themen aus einer langen Liste. Ganze Dörfer und Landschaften werden beim Bau neuer Staudämme überflutet. Von weltweit rund 40 bis 80 Millionen Menschen, die vertrieben oder umgesiedelt wurden, um Staudämmen und Stauseen Platz zu machen, berichtet die

Nebenwirkungen für die Landwirtschaft
Seine Fruchtbarkeit verdankt das Nildelta nährstoffhaltigen Schlämmen, die bis 1964 mit den jährlichen Überschwemmungen des Nils auf die Felder aufgebracht wurden. Seit der Errichtung des Staudamms Sad-el-Ali verbleiben diese fruchtbaren Schlämme im aufgestauten Nassersee, wodurch die Fruchtbarkeit der Agrarflächen sinkt. In zunehmendem Maß müssen die Bauern nun Mineraldünger einsetzen.

World Commission on Dams, die 1997 eingerichtete unabhängige Staudamm-Kommission. In vielen Fällen erhielten die Betroffenen gar keine oder nur ungenügende Entschädigungen, die darüber hinaus ihren Bedürfnissen oft gar nicht entsprachen. Generell, so kommen verschiedene Untersuchungen überein, geht es der Bevölkerung nach einer Umsiedlung aus den von den Dammprojekten überschwemmten Gebieten nicht wie oft versprochen wirtschaftlich besser, sondern meist dramatisch schlechter als zuvor.

Der Boden: empfindliche Haut

Nahes ist manchmal so fern. So auch der Boden, auf dem wir stehen und von dem wir leben. Ohne den halben Meter fruchtbaren Bodens, in dem die Pflanzen wachsen, die den Menschen und den Tieren als Nahrung dienen, wäre kein Leben möglich.

Die Zerstörung der Böden ist eines der größten globalen Umweltprobleme und zugleich eine der am wenigsten wahrgenommenen Gefahren. Weltweit sind bereits rund 2 Milliarden ha Ackerland und Weideflächen degradiert, das heißt, sie sind so stark geschädigt, dass sie landwirtschaftlich nicht mehr nutzbar sind und allenfalls einen spärlichen Bewuchs sehr anspruchsloser Pflanzen tragen. Das sind etwa 17 % der eisfreien Landoberfläche. 9 Millionen ha davon sind irreparabel zerstört und damit endgültig verloren. Bei diesen Zahlen ist die Degradation von Waldböden noch nicht berücksichtigt. Besonders betroffen sind Asien und Afrika, die schon heute zu den ärmsten Regionen der Welt zählen. Auf sie entfallen 39 bzw. 25 % der weltweit durch menschliche Aktivitäten degradierten Böden. Bezogen auf den Flächenanteil des Kontinentes an der weltweiten Landoberfläche weisen allerdings die Böden in Europa mit 23 % den größten Degradationsanteil auf.

Boden wird zerstört durch Bodenabtrag (Wasser-

Mutter Erde
Es ist kein Zufall, dass der Begriff für unseren Planeten und die wichtigste Produktionsgrundlage für das Überleben des Menschen, den Boden, derselbe ist.

und Winderosion; 56 bzw. 28 %), chemische Schädigung (Nährstoffverlust, Versalzung, Versauerung, Überdüngung und Vergiftung; 12 %) sowie physikalische Einflüsse (Verdichtung und Versiegelung; 4 %). Ursachen für die Bodendegradation sind Überweidung (rund 35 %), Entwaldung (30 %) und Übernutzung durch Ackerbau (27 %). In dicht besiedelten Ländern wie Deutschland besteht einer der Hauptgründe des Bodenverlustes in der Versiegelung durch Siedlungs- und Straßenbau.

Der wichtigste Trend, der den Boden gefährdet, ist das Bevölkerungswachstum. Um die stetig zunehmende Zahl Menschen zu ernähren, muss entweder die landwirtschaftlich genutzte Fläche jährlich um etwa 1,5 % vergrößert werden oder die Produktivität der bestehenden Flächen entsprechend ansteigen. In den letzten Jahrzehnten ist die Ackerfläche insgesamt jedoch kaum gewachsen, da sich neu hinzugewonnene Flächen und solche, die aus der Nutzung fallen, in etwa die Waage halten. Ackerfähige Flächen sind begrenzt verfügbar und so müssen zunehmend weniger geeignete Böden herangezogen werden. Die Ausdehnung landwirtschaftlicher Flächen geht immer zu Lasten natürlicher Ökosysteme, meist Wälder und Grasland.

Statt eines Wachstums sagen Forscher daher bis zum Jahr 2025 einen dramatischen Rückgang des nutzbaren Ackerlandes voraus. Eine der gewaltigsten Herausforderungen der Menschheit, denn die Ernährung der wachsenden Weltbevölkerung hängt von den Bodenressourcen ab, und selbst eine geringfügige Verschlechterung der Bodeneigenschaften vermindert die Erträge.

Erosion

Die Hauptgefahr für den Boden geht von der Erosion aus. Wenn der Boden gepflügt wird und keinen oder zu wenig Bewuchs trägt, wird er anfällig für Regen- und Winderosion. Trockener Boden wird dann vom Wind fortgeweht; oder Boden wird fortgespült, wenn er das Niederschlagswasser nicht mehr aufnehmen kann. Vor allem ergiebige Starkregen wirken erosionsfördernd. Die auf ungeschützten Boden aufprallenden Wassertropfen zerstören die Bodenstruktur und verringern die Fähigkeit des Bodens, Wasser aufzunehmen. In der Folge fließt mehr Wasser oberflächlich ab und reißt Bodenpartikel mit sich. Erosion verringert die Tiefe des Bodens, seinen Nährstoffgehalt und die Mög-

Der Boden verschwindet
Starke Rinnenerosion durch Abholzung der Wälder und Überbeweidung im Hochland des Kopet-Dag in Turkmenistan.

Der Erosion preisgegeben
Dieses Gebiet in Amazonien war vor der Abholzung tropischer Regenwald. Die Böden in den Tropen sind sehr tiefgründig verwittert und enthalten nahezu keine Mineralien. Wird die schützende Pflanzendecke vernichtet, so bleibt unfruchtbares Gelände zurück, auf dem kaum Vegetation wächst. Der Niederschlag spült den ungeschützten Boden davon.

lichkeit, Wasser zu speichern. Die Folge: Unfruchtbarkeit.

Die Gründe sind vielfältig: Verdichtung durch intensive Bearbeitung, Vergrößerung der landwirtschaftlich genutzten Flächen und Entfernen von strukturierenden Elementen wie Hecken oder Geländekanten sowie eine Zunahme von Kulturen mit unzureichender Bodenbedeckung (beispielsweise Mais).

Die Erosionsraten sind in Asien, Afrika und Südamerika am höchsten und liegen dort bei 30–40 t/ha jährlichem Bodenverlust. Auf stark übernutzten Weiden können sie 100 t/ha übersteigen. Pro Jahr gehen so etwa 75 Milliarden t fruchtbaren Oberbodens verloren; bis zu 12 Millionen ha Land werden jährlich derart zerstört, dass die Nutzung aufgegeben werden muss.

Bodenverlust ist aber nicht nur ein Problem der armen Länder des Südens. Auch in Deutschland geht jährlich fruchtbarer Boden in der Größenordnung von rund 10 t/ha durch Erosion verloren. Die Bodenbildung kann mit dem Tempo der Erosion längst nicht mehr mithalten: Höchstens 1–2 t werden im gleichen Zeitraum durch Verwitterung neu gebildet. Was Jahrtausende gebraucht hat, um zu entstehen, wird innerhalb kürzester Zeit durch unsachgemäße Bewirtschaftung zerstört. Etwa 500 Jahre sind erforderlich, um in unseren Breiten 2,5 cm Boden neu zu bilden. Für eine produktive Landwirtschaft sind mindestens 15 cm Bodenmächtigkeit Voraussetzung.

Der fortgespülte Boden gelangt in die Fließgewässer, verschlammt Staudämme und Flüsse und erhöht das Risiko von Überschwemmungen. Im Sudan gingen beispielsweise die Wasserreserven im Roseires-Stausee – der 80 % der Energie des Landes liefert – in den vergangenen dreißig Jahren wegen der Sedimente des Blauen Nils um 40 % zurück.

Es gibt eine ganze Reihe von Möglichkeiten, Erosionsschäden an landwirtschaftlichen Nutzflächen zu minimieren. Am einfachsten ist es, für eine Vegetation zu sorgen, die die Erde vor Wind und aufprallenden Regentropfen schützt. Weitere Erosionsschutzmaßnahmen sind: Gewächse entlang der Höhenlinien eines Hanges anzupflanzen, das Pflügen zu reduzieren, Terrassen anzulegen, organische Mulche zu verwenden sowie mehrjährige Pflanzen oder Mischkulturen anzubauen und Fruchtwechsel zu betreiben.

Versalzung

In Gebieten, in denen die Verdunstung größer ist als der Niederschlag (ariden und semiariden Gebieten) tritt Versalzung als eine häufige Art der Bodenbelastung auf. Dabei reichern sich wasserlösliche Salze

durch natürliche Faktoren und menschliche Aktivitäten im Boden an. Der erhöhte Salzgehalt beeinträchtigt nicht nur den Pflanzenwuchs,

Versalzung
Durch unangepasste Bewässerung hat sich auf der Bodenoberfläche eine Salzkruste gebildet.

sondern führt zu völlig unfruchtbaren, steinharten Böden. Bei der Niederschlagsversalzung führen Niederschläge oder Stäube dem Boden Salze zu; Grundwasserversalzung erfolgt in ariden Klimaten über die Verdunstung aufsteigenden Grundwassers.

Gravierende Probleme entstehen bei großflächiger Bewässerung mit Wasser, das zu viel Salz enthält, vor allem, wenn die Bodendurchspülung zu gering ist. Da die Verdunstung in den Trockenzonen hoch ist, kann schon die Bewässerung mit gering salzhaltigem Wasser zu Schäden führen. Riesige Flächen in Ägypten, im Irak, in Indien, Pakistan und Zentralasien sowie in den USA und im Norden Mexikos sind dadurch völlig unproduktiv geworden.

Schadstoffeinträge

Über Niederschläge und die Luft gelangt praktisch die gesamte Palette der in der Umwelt bekannten anorganischen, organischen und radioaktiven Schadstoffe auf und in den Boden.

Glücklicherweise zeichnen sich Böden durch ein hohes Regenerationsvermögen aus. Die große Zahl von Bodenlebewesen stellt eine Fülle unterschiedlicher Enzyme bereit, die Fremdstoffe meist rascher einschließen und abbauen, als dies im Wasser oder in der Luft möglich ist. Filtration, Speicherkapazität und Regenerationsvermögen lassen Böden somit zu den wirksamsten Puffern gegenüber von Menschen verursachten Schadstoffen werden. Wird der Boden aber überlastet, so können Erschöpfungszustände auftreten. Mit

Stoffeinträge
Abfälle der Viehzucht oder Klärschlämme können Gifte in den Boden einbringen, falls sie mit Schadstoffen belastet sind. Die größte Gefahr bei Gülleausbringung ist eine Überdüngung mit Stickstoff. Bevor Klärschlämme ausgebracht werden, testet man in der Regel die Böden und die Schlämme auf ihren Schadstoffgehalt.

Schadstoffen überlastete Böden werden als »chemische Zeitbomben« bezeichnet, da sie die Chemikalien über Auswaschung wieder abgeben können. Schadstoffe beeinflussen das sensible Gleichgewicht von physikalischen, chemischen und biologischen Vorgängen, auf denen die Fruchtbarkeit eines Bodens beruht: Die mikrobielle Enzymaktivität wird gehemmt und die Artenvielfalt der Bodenflora und -fauna verringert. Die Schadstoffe gelangen über die Pflanzen, die auf den verschmutzten Böden wachsen, in die menschliche Nahrungskette oder werden ins Grund- oder Oberflächenwasser ausgewaschen, von wo aus sie ins Trinkwasser gelangen können.

Mit Schwefeloxiden belasteter Niederschlag (saurer Regen) lässt die Böden versauern. Schwefeloxide entstehen vornehmlich bei der Verbrennung fossiler Energieträger. Ist der Säuregehalt des Bodens zu hoch, wäscht das Sickerwasser Nährstoffe aus, Schwermetalle werden mobilisiert und Tonmineralien zerstört, was die Bodenstruktur verschlechtert. Dies macht die Böden wiederum anfälliger für Erosion. Besonders viele Schadstoffe gelangen in die Waldböden, da Bäume mit ihrer großen Blattoberfläche intensiv Stoffe aus der Luft filtern, die das Niederschlagswasser in den Boden trägt. Reichern sich die Gifte im Boden an, hemmt dies die Pflanzen darin, Nährstoffe und Wasser aufzunehmen – Mangelernährung ist die Folge.

Verdichtung und Versiegelung

Zur Bodendegradation zählen schließlich auch Bodenverdichtung und -versiegelung. Vor allem schwere Maschinen aus der Land- und Forstwirtschaft verdichten den Boden, drücken ihn also zusammen. Verdichteter Boden lässt weniger Luft und Wasser durch. Dies fördert die Erosion, da Wasser abfließt, statt zu versickern, beeinträchtigt die Bodenlebewelt und macht den Boden für Wurzeln schwer durchgängig.

In den dicht besiedelten Regionen werden zudem immer mehr Flächen für Siedlungen und Verkehrswege versiegelt. So können Böden ihre vielfältigen Funk-

Bodenverdichtung
Schwere Maschinen, die im Forstbereich für Ernte und Transport eingesetzt werden, zerstören die Bodenstruktur. Die unterschiedliche Beschaffenheit eines lockeren, unbefahrenen (links) und eines verdichteten Bodens in einer Fahrspur (rechts) ist deutlich zu erkennen.

tionen für den Naturhaushalt nicht mehr erfüllen. Versiegelung verhindert die Versickerung und führt zu schnellem und hohem Regenwasserabfluss, häufigem Hochwasser, zu sinkendem Grundwasserspiegel und schlechtem Stadtklima. Die deutsche Bundesregierung hat in ihrer Strategie für eine nachhaltige Entwicklung einen Zielwert für den Landschaftsverbrauch festgelegt: Neue Siedlungs- und Verkehrsflächen sollen bis zum Jahr 2020 statt aktuell 105 ha maximal 30 ha täglich beanspruchen (vgl. Kapitel Siedlung und Verkehr, S. 154f.).

Desertifikation

In ihrer Extremform führt die Landzerstörung zu wüstenartigen Umweltbedingungen in Gebieten, in denen sie aufgrund der klimatischen Bedingungen eigentlich nicht existieren sollten. Dieser Prozess der Wüstenbildung wird als Desertifikation bezeichnet. Ihre Ursachen sind vielfältig. Entscheidend ist, dass sie nicht allein durch das Klima ausgelöst wird, sondern vor allem durch den Menschen, der Boden, Wasser und Vegetation ausbeutet, bis die Flächen unfruchtbar sind. Im Englischen ist daher auch der Begriff »man-made-desert« verbreitet. Desertifikation ist vor allem an der Zerstörung der Vegetation zu erkennen. Sie beginnt flecken- bis flächenhaft und mündet darin, dass die Bodenbedeckung komplett verschwindet. So geht der Schutz gegen die Bodenerosion verloren und der Was-

Desertifikationsgefähr-dete Gebiete der Erde

serhaushalt wird massiv gestört. In der Folge vernichtet die Desertifikation die ökologische und ökonomische Leistungsfähigkeit der davon betroffenen Räume nahezu vollständig. Während die Auswirkungen einer Dürre meist reversibel sind, sobald ein feuchtes Jahr folgt, ist die Desertifikation ist nur schwer, oft gar nicht mehr rückgängig zu machen.

Im Wesentlichen beschränkt sich die Desertifikation auf die trockenen Klimazonen der Erde, die etwa etwa 40 % der Landfläche einnehmen. Sie ist heute in fast drei Vierteln der Trockengebiete festzustellen, die nicht ohnehin bereits Wüsten sind. Insbesondere die am wenigsten entwickelten Länder wie Sudan, Tschad, Mali etc. sind von Wüstenbildung betroffen. Aber auch Schwellenländer wie China, Argentinien, Brasilien, Mexiko und zentralasiatische Transformationsländer

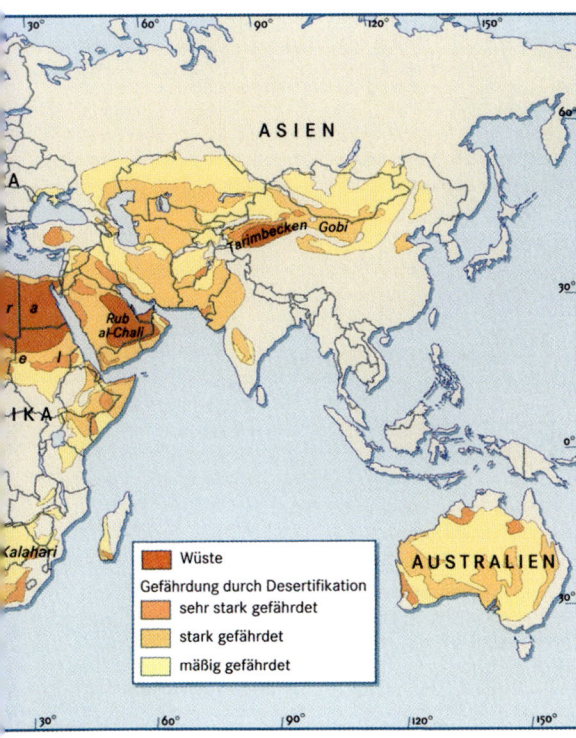

ASIEN

Tarimbecken Gobi

Rub
al-Chali

Kalahari

AUSTRALIEN

Wüste

Gefährdung durch Desertifikation

sehr stark gefährdet

stark gefährdet

mäßig gefährdet

(Kasachstan, Kirgistan, Tadschikistan, Turkmenistan,
Usbekistan) sowie einige Industrieländer (USA, Mittel-
meerländer).

Das bekannteste Beispiel für Desertifikation ist die
Sahelzone – ein etwa 7.000 km langer und 1.000 km
breiter Streifen südlich der Sahara vom Atlantik bis
zum Roten Meer. Infolge der starken Nutzung dieser
Wüstenrandzone (durch Ackerbau dort, wo eigentlich
nur eine nomadische Weidewirtschaft möglich wäre;
durch Überweidung, vor allem durch Ziegen und Rinder; durch Schlagen von Gehölzen zur Energiegewinnung) kommt es zur Ausbreitung wüstenhafter Bedingungen bis weit in die bisher noch von Menschen besiedelten Räume. Seit der großen Dürre von 1972/73
gehen allein hier jedes Jahr etwa 1,5 Millionen ha landwirtschaftliche Nutzfläche verloren.

Der Aralsee

Ein dramatisches Beispiel für die Degradation von Böden und die Auswirkungen unangepassten Bewässerungslandbaus sowie Namengeber des »Aralsee-Syndroms« ist der zentralasiatische Aralsee auf dem Territorium von Kasachstan und Usbekistan: Ein gigantisches Bewässerungsprojekt zum Anbau von Baumwollmonokulturen während der Sowjetzeit hat seit Anfang der 1970er Jahre durch Versalzung und Versandung zu einem Verlust von 2 Mio. ha Ackerland geführt. Dies entspricht fast einem Drittel der gesamten Getreideanbaufläche Deutschlands.

Zeugen einer Umweltkatastrophe
Schiffswracks in der Wüste zeigen, bis wohin sich vor einigen Jahren noch der See erstreckte.

Der Aralsee trocknete wegen Ableitung der großen Zubringerflüsse mehr und mehr aus. 1960 war er noch das viertgrößte Binnenmeer der Erde. Innerhalb von 40 Jahren schrumpfte der See auf 40 % seiner ehemaligen Fläche, das Wasservolumen gar auf 16 % des ehemaligen Fassungsvermögens. In dem restlichen Wasser konzentrieren sich Salze, Dünger, Pflanzenschutzmittel und Abwässer der ganzen Region. Steppenstürme verteilen jährlich rund 75 Mio. t dieser Stoffe als giftigen Staub auf den landwirtschaftlichen Flächen und Siedlungen der Region. Die Bevölkerung leidet daher an Atemwegs-, Haut- und Darmerkrankungen; die Region um den Aralsee hat eine der höchsten Säuglingssterblichkeitsraten der Erde. Ein Großteil der Fauna und Flora des ökologisch bemerkenswerten Deltas ist verschwunden; der See ist tot. Die landwirtschaftliche Nutzung müsste deutlich reduziert, das völlig marode Bewässerungssystem, in dem derzeit 80 % des Wassers verdunsten, erneuert werden. Der Region aber fehlen finanzielle Mittel für Investitionen.

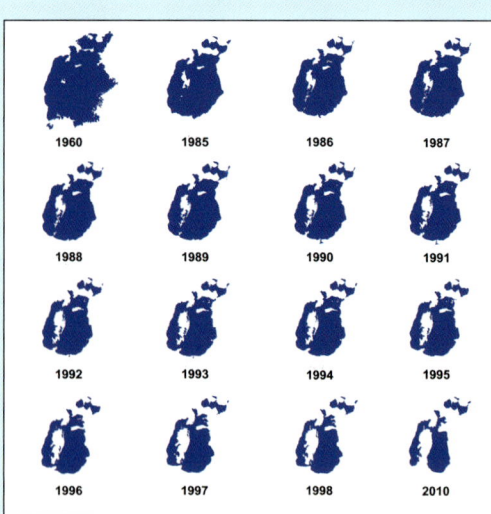

1960	1985	1986	1987
1988	1989	1990	1991
1992	1993	1994	1995
1996	1997	1998	2010

Der Wald: schrumpfender Mantel der Erde

Wälder sind die dominierende Vegetationsform der Biosphäre. Zu Beginn der ackerbaulichen Tätigkeit vor rund 10.000 Jahren bedeckten Wälder mit etwa 6,2 Milliarden Hektar über ein Drittel der Landoberfläche der Erde. Heute ist es mit rund 3,9 Milliarden Hektar nur noch ein Viertel. Weltweit treten Wälder als Vegetationsformation in Gebieten mit einer (je nach Temperatur) bestimmten minimalen Niederschlagsmenge auf. Fällt weniger Niederschlag, geht der Wald in eine Savanne oder Steppe über. Auch für die Verbreitung in Höhenlagen gibt es eine natürliche Grenze, oberhalb deren kein Wald mehr wachsen kann. Sie hängt im Wesentlichen von der Länge der Vegetationszeit ab, in der ausreichend Wärme und Wasser zur Verfügung stehen.

Wälder erfüllen vielfältige Schutz- und Nutzfunktionen: Sie speichern und reinigen Wasser, sie bilden Humus und erhalten die Fruchtbarkeit des Bodens, sie reinigen die Luft von Schadstoffen und sie schützen vor Naturgefahren wie Hochwasser, Bodenerosion und Lawinen. Nicht zuletzt sind die Wälder wichtig für das Klima: In den Wäldern Deutschlands etwa sind rund zweieinhalb Milliarden Tonnen Kohlenstoff in der lebenden und abgestorbenen Biomasse gespeichert, mehr als die Hälfte davon im Waldboden. Das entspricht etwa der zehnfachen Menge der jährlichen deutschen CO_2-Emissionen aus der Nutzung fossiler Brennstoffe. Auch auf das Lokalklima wirken Wälder ausgleichend. Sie erhöhen die Luftfeuchtigkeit und mildern Hitze, Frost, Trockenheit und Sturm.

Holz dient noch immer einem Großteil der Menschheit als Brennstoff zum Heizen und Kochen, es ist wichtigs-

Jahrtausendealte Übernutzung
Bereits zu Zeiten der alten Griechen und Römer fand die erste große Umweltzerstörung statt, die auf Raubbau und Intensivlandwirtschaft zurückgeht. Die Vegetation des Mittelmeerraumes war früher von Steineichenwäldern geprägt – heute herrscht großflächig undurchdringliche Strauch- (Macchie) oder Zwergstrauchvegetation (Garrigue) vor.

Eine übermäßige Nutzung als Ziegen- und Schafsweiden drängt die Vegetation weiter zurück, sodass der Boden abgeschwemmt wird und der nackte Fels übrig bleibt. Mit dem Rückgang des Waldes haben sich auch das Klima und der Wasserhaushalt des Mittelmeerraumes völlig verändert: Es regnet seltener und das Wasser fließt sehr schnell ab, statt zu versickern.

tes Baumaterial für Hütten, Häuser und Transportmittel wie Karren, Kanus oder Schiffe. Holzfasern werden zu Papier und Textilien verarbeitet, Früchte und Samen sind bedeutend für die menschliche Ernährung und die Fütterung von Haustieren, Rinden werden zu Kleidung oder Arzneimitteln verarbeitet, Baumsäfte wie der des Gummibaumes haben große wirtschaftliche Bedeutung.

Wald in Mitteleuropa

In Mitteleuropa ist unter natürlichen Bedingungen die Buche die vorherrschende Baumart. Abhängig von Boden und lokalem Klima bestimmen auch andere Arten das Bild: Auf warmen Standorten entwickeln sich lichte Eichenwälder, auf trockenen oder nährstoffarmen Flächen gedeihen meist Kiefernwälder, und in den Höhenlagen der Gebirge wachsen Tannen und Fichten.

Die heutigen Wälder Mitteleuropas entsprechen weder in ihrer Fläche noch in ihrem Aufbau der natürlicherweise vorherrschenden Bewaldung. Erste Rodungen fanden bereits in der Jungsteinzeit statt, besonders großflächige Eingriffe begannen im Mittelalter. Für Ackerflächen, Siedlungen und Transportwege wurde der Waldanteil in Deutschland von 95 auf rund 30 % der Gesamtfläche verringert. Die größten zusammenhängenden Waldgebiete liegen heute in den Mittelgebirgen und in Regionen mit für die Landwirtschaft uninteressanten ertragsarmen Böden.

Die verbliebenen Wälder wurden durch vielfälti-

Historische Waldnutzung

Das Gemälde zeigt Schweinehirten bei der Waldweide in einem Mittelwald. Großkronige Eichen lieferten neben starkem Bauholz Eicheln für die Schweinemast. Das dazwischen aufkommende Unterholz wurde in kurzen Zeitabständen als Brennholz geschlagen. Rinder wurden auf Waldweiden geführt.

ge Nutzungen stark verändert und können schon seit 9.000 Jahren nicht mehr als Ur-Wälder gelten. Holz wurde entnommen für Bau-, Werk- und Brennholz sowie zur Herstellung von Holzkohle für die Metallgewinnung und -verarbeitung. Große Bedeutung hatte der Eintrieb von Vieh in den Wald, die Waldweide oder Waldhude, sowie das Schneiteln, das Abschlagen von Ästen zur Laubfuttergewinnung und zur Herstellung von Werkzeugstielen. In großem Umfang wurden Falllaub und Humus als Einstreu für die Ställe gesammelt und anschließend als Dünger auf die Felder

ausgebracht: ein massiver Nährstofftransport von den Wäldern in die Agrarökosysteme, der zur Nährstoffarmut der heutigen Wälder beigetragen hat.

Im 18. und 19. Jahrhundert wurden von den Forstverwaltungen große Flächen mit Fichte und Kiefer bepflanzt, denn diese recht anspruchslosen und schnellwüchsigen Arten kamen auf den ausgezehrten Böden gut zurecht. Sie beherrschen die Wälder heute auf einer Fläche von zwei Dritteln.

Unter dem Schlagwort »naturnahe Waldwirtschaft« werden heute wieder vermehrt an die Standorte angepasste Baumarten in Mischkultur angepflanzt. Auf großflächigen Kahlschlag wird verzichtet, die Bäume werden individuell nach ihrer Reife geerntet, folglich kommen auf einem Waldstück ganz unterschiedliche Altersstufen nebeneinander vor. Wenn der Jungwuchs

Urwaldreste

In Mitteleuropa gibt es nur noch sehr vereinzelt Waldgebiete, die als »Urwald« bezeichnet werden können. Das Bild zeigt einen Buchenmischwald in der Slowakei. Typisch für die Waldentwicklung ohne menschliche Pflege und Nutzung sind sehr alte Bäume und große Mengen an »Totholz«: Abgestorbene und zerfallende Baumstämme beherbergen Pilze und Käfer, die hier ihre Aufgaben im Nährstoffkreislauf erfüllen.

Rohstoff Holz
Holz ist ein vielfältiger und nachwachsender Rohstoff. In Deutschlands Wäldern wächst mehr Holz nach, als genutzt wird. Holz wieder stärker als Baumaterial und Energielieferant zu verwenden, ist ein Beitrag zum Klimaschutz und unterstützt den ökologischen Waldumbau in Richtung naturnahe Laubmischwälder.

nicht mehr gesät oder gepflanzt wird, sondern aus natürlicher Ansamung hervorgeht, sprechen Förster von Naturverjüngung. Derart bewirtschaftete Wälder sind widerstandsfähiger als Monokulturen, ihre Artenvielfalt ist größer, ihre Böden sind fruchtbarer und schließlich sind sie auch landschaftlich reizvoller.

Schäden heimischer Wälder

Anfang der 1980er Jahre machte der dramatische Begriff »Waldsterben« Karriere. Heute spricht man bei den in weiten Teilen Europas festgestellten Schäden von »neuartigen Waldschäden«. Im Unterschied zu früheren Waldschäden, die auf einen einzelnen Faktor zurückzuführen waren (die Emissionen einer Fabrik, Schädlinge oder ein extremes Witterungsereignis) wirken nun viele Faktoren, vor allem saure Niederschläge und hohe Stickstoffeinträge, zusammen. Das großflächige Absterben von Wäldern ist allerdings auch in den damaligen Hauptschadgebieten ausgeblieben.

Ein wichtiges Thema
Die Deutsche Bundespost griff 1985 das aktuelle Thema Waldsterben mit einer 80-Pfennig-Sonderbriefmarke auf.

Die sauren Niederschläge entstehen durch Schwefeldioxid- und Stickoxid-Emissionen in der Atmosphäre. Sie führen zu Versauerung der Böden und diese wiederum zu Schädigungen der Feinwurzeln der Bäume sowie der mit den Bäumen in Symbiose lebenden Mykorrhiza-Pilze, die für die Aufnahme von Mineralstoffen entscheidend sind. Dies beeinträchtigt die Versorgung des Baumes mit Wasser und Mineralstoffen. Die Versauerung setzt giftige Schwermetalle und Aluminium aus den Bodenmineralen frei, zugleich werden Nährstoffe wie Calcium, Kalium und Magnesium ausgewaschen.

Eine weitere Belastung resultiert direkt aus der Luftverschmutzung: Säuren und Ozon schädigen die Blätter und nehmen den Bäumen die Möglichkeit, ihre Verdunstung zu regulieren. Stickstoffverbindungen aus Viehhaltung und industriellen Abgasen verbreiten sich über die Luft und gelangen mit dem Regen in den Waldboden. Die betroffenen Bäume wachsen schneller als normal – zu schnell. Sie werden anfälliger für Krankheiten und Schädlinge. All diese Faktoren wirken zusammen und verstärken den Einfluss von natürlichen Schädlingen, wie etwa Pilzen, Raupen des Schwammspinners und vor allem Borkenkäfern.

Obwohl die Schwefeldioxid- und Stickoxidemissionen seit Jahren rückläufig sind, belasten sie die Wälder weiterhin: 2004 waren nur 28 % der Bäume ungeschädigt, 41 % wiesen schwache und 31 % starke Schäden auf. Allerdings hat sich die Situation verändert: Der Wald leidet heute unter den in den Waldböden über Jahrzehnte angesammelten Säure- und Stoffeinträgen und den ersten Auswirkungen der Klimaveränderung. Die Vegetationszeiten werden länger, die Häufigkeit von extremen Witterungsereignissen nimmt zu. Besonders empfindlich reagieren ausgerechnet die Bergwälder, die wichtige Schutzfunktionen erfüllen, indem sie die Erosion verringern und Siedlungen und Verkehrswege vor Lawinen, Steinschlag, Muren und Hochwasser bewahren.

Neuartige Waldschäden
Geschädigte Bäume zeigen mit zunehmendem Krankheitszustand eine Verlichtung der Krone. Bei Fichten tritt der Nadelverlust in Verbindung mit hängenden Zweigen auf (Lamettasyndrom). Bei Tannen kommt es zum Absterben der Baumspitze und Bildung von Seitentrieben (Storchennest). Bei Laubbäumen führt das gestörte Seitenwachstum zu unnatürlich langen Trieben (Peitschentrieben). Eine Ozon-Einwirkung erzeugt weiße Blattflecken, bei Magnesiummangel vergilben die Blätter. Das Bild zeigt einen völlig zerstörten Wald im Hauptschadensgebiet des Erzgebirges.

Zerstörung der tropischen Regenwälder

Eine der größten Umweltkatastrophen im globalen Maßstab schreitet unaufhörlich voran: die Zerstörung der tropischen Regenwälder. Fast die Hälfte der globalen Waldfläche liegt in den Tropen – zu etwa der Hälfte in Lateinamerika, zu rund einem Drittel in Afrika und zu zirka einem Sechstel in Asien. Die größten noch geschlossenen Waldgebiete liegen in Brasilien, im Kongo und in Indonesien. Schon mehr als die Hälfte des ursprünglichen Regenwaldes wurde durch Einwirkung von Menschen in der kurzen Spanne von nur 50 Jahren zerstört. Noch ist etwas weniger als die Hälfte der Tropenwälder in naturnahem oder natürlichem Zustand. Doch Jahr für Jahr verschwinden etwa weitere 11 Millionen Hektar Tropenwald, der größte Teil davon in Afrika. Wenn die Vernichtung ungebremst weitergeht, wird in 50 Jahren nur noch ein Drittel (600 Mio. Hektar) der derzeitigen Fläche vorhanden sein.

Die tropischen Regenwälder beherbergen etwa zwei Drittel aller Tier- und Pflanzenarten der Welt. Auf einem Hektar wachsen zwischen 100 und 300 verschiedene Baumarten. Kein anderes Ökosystem weist eine solche Vielfalt auf. In den Tieflandwäldern von Südostasien beispielsweise produziert jeder sechste Baum essbare Früchte, Nüsse und Ölsamen oder liefert andere nutzbare Ressourcen wie medizinische Rohstoffe, Harze oder Latex. Jedoch ist die Zahl der Individuen einer Art pro Flächeneinheit sehr gering. In Amazonien und Zentralafrika finden sich auf einem Hektar Wald-

Faszinierender Regenwald

Der tropische Regenwald ist ein sehr komplexes Ökosystem und reagiert viel empfindlicher auf menschliche Eingriffe als die Wälder gemäßigter Klimazonen. Die meisten Regenwälder stehen auf stark verwitterten, nährstoffarmen Böden, die Nährstoffe sind zum größten Teil in der Biomasse gespeichert (Vegetation, Laubstreu, Totholz) und werden in einem sehr schnellen Kreislauf wieder aufgenommen. Eine Entnahme von Biomasse ist mit hohen Nährstoffverlusten verbunden.

Für immer zerstört
Die schnelle Erschlie-
ßung der Regenwaldge-
biete für landwirtschaft-
liche Nutzung erfolgt vor
allem durch Brandro-
dung. Diese ist jedoch
aufgrund der Nährstoff-
armut der Böden und
der Auswaschung der
wenigen Nährstoffe nur
wenige Jahre möglich.

fläche oft nur ein bis zwei Bäume einer – möglicherweise – wirtschaftlich interessanten Art.

Einer der größten Vernichter der tropischen und
subtropischen Regenwälder ist die Holzindustrie. Wegen ihrer besonderen Qualitäten sind einige Holzarten
sehr begehrt für hochwertige Nutzungen als Möbel
und Fensterrahmen. Aus anderen entstehen minder-
wertige Produkte wie Essstäbchen, Sperrholz oder Papier.

Mit der Holzgewinnung und dem Abbau von Boden-
schätzen (u. a. Eisenerz, Bauxit, Erdöl, Gold und Dia-
manten) ist immer auch der Bau von Verkehrswegen
verbunden. Auf diesen folgen Wilderer, Siedler und
landlose Kleinbauern den Holz- oder Rohstoffkonzer-
nen. Die gerodeten Flächen sind aufgrund der Nährstoffarmut der Böden maximal drei Jahre landwirtschaftlich nutzbar. Danach ist der Boden ausgelaugt
und neue Flächen müssen gerodet werden. So bricht
der sehr empfindliche Wasser- und Nährstoffkreislauf
zusammen. Das in heftigen Regenfällen auf die Oberfläche treffende Wasser spült den Boden fort und führt
zu Überschwemmungen der Flüsse. Der Boden bewal-
det sich nicht wieder neu.

Die zweitgrößte Zerstörung richten Großgrundbesit-
zer an. Sie roden riesige Waldflächen, um auf Plantagen Ölpalmen, Kaffee, Kakao, Tabak oder Kautschuk
anzubauen – meist für Konsumenten in Europa und

den USA. Die Einheimischen, die auf den Plantagen die harte Arbeit verrichten, werden schlecht bezahlt und sind oft sehr schlechten Arbeitsbedingungen ausgesetzt, etwa dem Kontakt mit Pflanzenschutzmitteln. Die Schere zwischen Arm und Reich wird an der Verteilung des Bodens besonders deutlich. Nur 1 % der Landbesitzer im tropischen Regenwald verfügt über 43 % der Nutzfläche.

Ganz entscheidend trägt zur Vernichtung des Regenwaldes der hohe Fleischkonsum in den Industrieländern bei. Die gerodeten Flächen dienen zum einen als Weiden für Rinder, zum anderen als Anbauflächen für Soja: als Viehfutter für Europa und die USA.

Zerstörung borealer Wälder

Die schwer erreichbaren borealen (Taiga-)Wälder der kaltgemäßigten nördlichen Klimazonen in Russland (60 %), Kanada (30 %) und Alaska, den baltischen Staaten und Skandinavien (insgesamt 10 %) sind die größten noch verbliebenen Urwälder der Erde. Sie erstrecken sich über rund 1.400 Millionen Hektar. Nur wenige Baumarten wie Fichten, Kiefern, Lärchen oder Birken schaffen es, auf diesen oft gefrorenen oder nassen Böden zurechtzukommen. Die Taigawälder sind unter anderem Lebensraum von Rentieren, Wölfen, Braunbären, Luchsen, Elchen und dem Sibirischen Tiger. Diese Wälder spielen eine wichtige Rolle für das

FSC-Label

1993 gründeten Umweltverbände, Forstindustrie und Handelsunternehmen ein System zur Zertifizierung von Holzprodukten – den Forest Stewardship Council (FSC). Ziel der Nichtregierungsorganisation ist es, global einheitliche Standards einer umweltgerechten, sozial verträglichen und wirtschaftlich tragfähigen Waldwirtschaft zu fördern. Ein Waldbesitzer, der das FSC-Zertifikat erwerben will, muss sich unter anderem an alle Gesetze halten (vor allem in Entwicklungsländern eher ungewöhnlich), die Arbeiter schützen, die Rechte der einheimischen Waldbewohner achten und Kahlschläge begrenzen. Bislang sind über 80 Millionen Hektar Wald in 81 Ländern FSC-zertifiziert. Von diesen Wäldern liegen viele in den Industriestaaten, vor allem in Schweden, Australien, Neuseeland und Kanada. In Südostasien, Zentralafrika und Südamerika spielt das Siegel dagegen bisher eine geringe Rolle. Wichtig ist daher, dass FSC-Produkte verstärkt nachgefragt werden, denn nur so steigt der Anreiz für die Holzwirtschaft, sich dem FSC anzuschließen. Mittlerweile gibt es fast jedes Holzprodukt mit FSC-Siegel: vom Bauholz über Gartenstühle und Küchenbrettchen bis zum Papier.

globale Klima: In der Kälte laufen Zersetzungsprozesse sehr langsam ab. So sammelt sich tote organische Substanz an, was die Wälder des Nordens zu einer wichtigen Senke für Kohlenstoff macht. Insgesamt binden die Taigawälder rund 270 Milliarden t Kohlenstoff – etwa so viel wie die Tropenwälder.

Mit den Goldfunden in Nordamerika gegen Ende des 19. Jahrhunderts fand eine erste großflächige Erschließung der schwer zugänglichen Waldregion statt. Diese Entwicklung setzte sich im 20. Jahrhundert vor allen Dingen in Sibirien und Nordkanada fort. In jüngster Zeit ist die Ausweitung des Holzeinschlags auch in entfernt gelegene und ökologisch sensible Regionen festzustellen. Rund 90 % des weltweiten Papier- und Schnittholzbedarfs werden aus den borealen Wäldern gedeckt – überwiegend in großflächigen Kahlschlägen, in Russland und dem Baltikum häufig illegal. Aufgrund des kalten Klimas können nach Kahlschlägen oft keine Wälder mehr nachwachsen. Auch Maßnahmen zur Gewinnung von Rohstoffen wie Erdöl oder Platin schädigen diese Waldgebiete.

Kahlgeschlagen
Trotz massiver Umweltschäden, v. a. der Zerstörung der Böden, und anhaltender Proteste wird in Kanada Waldnutzung immer noch vorwiegend als Kahlschlag (clearcut) betrieben. Oft bleibt an Straßen ein Waldstreifen stehen, um die Kahlschlagflächen zu tarnen.

Biologische Vielfalt

Etwa drei Milliarden Jahre währt die Geschichte des Lebens auf der Erde. Es ist die Geschichte von immer neuen Variationen des Erbgutes; von der Evolution der Arten durch Wechselwirkungen mit biotischen und abiotischen Umweltfaktoren. Ergebnis und zugleich Voraussetzung der Evolution ist die Artenvielfalt – auch als biologische Vielfalt oder Biodiversität bezeichnet. Sie umfasst die genetische Vielfalt innerhalb einer Art und die Zahl der in einem Gebiet vorhandenen verschiedenen Arten.

Die biologische Vielfalt ist weltweit sehr ungleich verteilt. Die größte Biodiversität findet sich in den so genannten »Hotspots«: Auf nur 2 % der Erdoberfläche konzentriert sich in den tropischen Breiten etwa die

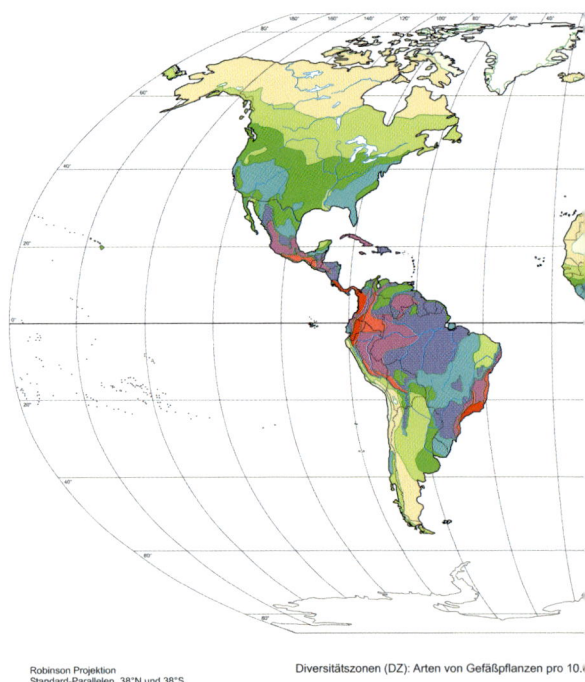

Robinson Projektion
Standard-Parallelen 38°N und 38°S

Diversitätszonen (DZ): Arten von Gefäßpflanzen pro km

DZ 1 (<100)	DZ 5 (1000 - 1500)
DZ 2 (100 - 200)	DZ 6 (1500 - 2000)
DZ 3 (200 - 500)	DZ 7 (2000 - 3000)
DZ 4 (500 - 1000)	DZ 8 (3000 - 4000)

Die globale Verteilung der Biodiversität

Hälfte aller Arten. Klimatisch extreme Lebensräume wie Hochgebirge oder Trockengebiete weisen eine geringe Artendichte auf. Ebenso die Gebiete der Erde, in denen die Artenvielfalt durch die letzte Eiszeit dezimiert wurde.

Der Wert der biologischen Vielfalt und intakter Ökosysteme wird als sehr hoch eingeschätzt. Eine Vielfalt von Arten sichert die langfristige Stabilität von Ökosystemen, da komplexere Lebensgemeinschaften auf Schwankungen der Umweltbedingungen flexibler reagieren können als einfache. Die Artenvielfalt bildet ein Reservoir von unschätzbarem Wert, aus dem ständig geschöpft wird: zum direkten Nutzen oder als genetische Ressource für Züchtungszwecke. Staatliche und private Investoren erkunden mit hohem Aufwand bio-

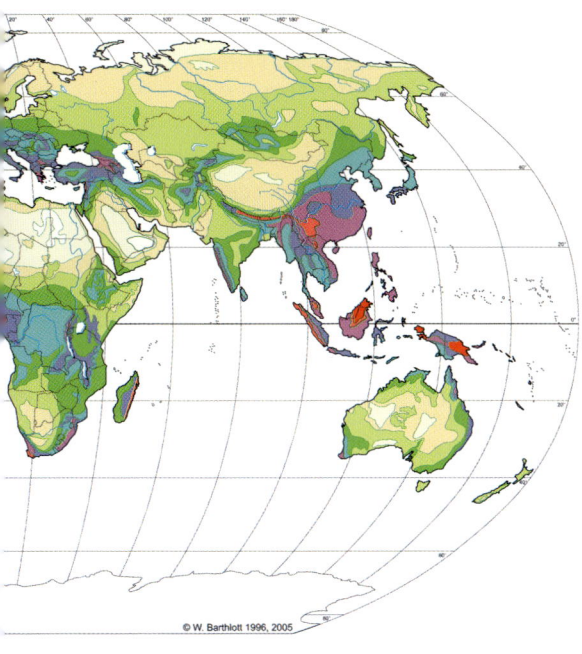

© W. Barthlott 1996, 2005

(4000 - 5000)

0 (>= 5000)

W. Barthlott, G. Kier, H. Kreft, W. Küper, D. Rafiqpoor, und J. Mutke 2005
verändert nach
W. Barthlott, W. Lauer und A. Placke 1996
Nees-Institut für Biodiversität der Pflanzen
Universität Bonn

Insekten, die heimlichen Herrscher der Erde
Mit Ausnahme der Ozeane haben Insekten alle Lebensräume erobert. Im Hinblick auf Vielfalt, Vielseitigkeit und Anzahl übertreffen sie alle anderen Tiergruppen.

logisches Material (Bioprospektierung) für eine mögliche industrielle Nutzung.

Gefährdung der biologischen Vielfalt

Rettungsmaßnahme
Tierschützer in Simbabwe sägen den Nashörnern die Hörner ab, um sie so vor Wilderern zu schützen, denen es vor allem um das wertvolle Horn geht.

Nach Angaben der UNEP (United Nations Environment Programme) sterben zurzeit täglich durchschnittlich 135 Tier- und Pflanzenarten aus. Allein in Europa sind nach einem Bericht der EU-Kommission 42 % der Vogelarten und 52 % der Süßwasserfische bedroht. Viele Arten sterben aus, bevor sie überhaupt entdeckt wurden.

Hat der Mensch bisher vor allem einzelne Arten gezielt oder durch Übernutzung ausgerottet (beispielsweise Wildpferd, Auerochse, Tasmanischer Beutelwolf, Japanischer Wolf), so kommt heute eine Vielzahl von menschlichen Eingriffen in die Biosphäre dazu, die die biologische Vielfalt bedrohen. Die größte Bedrohung von Arten ergibt sich durch die Nutzung, Umwandlung, Fragmentierung und schließlich Vernichtung ganzer Lebensräume. Dies kann gut sichtbar durch Nutzungsänderung und Intensivierung geschehen, etwa durch Abholzung, Bau von Siedlungen oder Trockenlegen von

Wem gehört die biologische Vielfalt?

Der Wert der biologischen Vielfalt wird mittlerweile gerne durch die Bezeichnung »Erdöl des Informationszeitalters« hervorgehoben. Während die Vielfalt immer weiter schwindet, haben Konzerne der Agrar- und Pharma-Industrie erkannt, welches wirtschaftliche Potenzial in diesem Bereich liegt. Natürlich vorkommende Pflanzen und das Wissen um ihre Wirk- und Werkstoffe eröffnen diesen Branchen riesige Marktchancen. Um sich deren Vermarktung zu sichern, wird im großen Stil so genannte Bioprospektion betrieben: Biologisches Material wird gesammelt und auf seine Inhalts- und Wirkstoffe hin untersucht. Häufig werden die neuen Substanzen bzw. die dahinterstehenden Organismen patentiert oder auf andere Weise als geistiges Eigentum betrachtet.

Bei dieser Suche sind die Forscher auf die indigene (einheimische) Bevölkerung angewiesen, der die Wirkungen und Verwendungsmöglichkeiten der Pflanzen seit Generationen bekannt sind und die diese mitunter bereits kultiviert haben. Durch die Patentierung geht gemeinschaftliches Gut in den Besitz einzelner Menschen oder Konzerne über. Wenn die Herkunftsländer und die lokale Bevölkerung gar nicht oder nur zu einem geringen Teil an den Gewinnen der Pharmakonzerne beteiligt werden, was die Regel ist, spricht man von Biopiraterie.

Feuchtgebieten. Eine Bedrohung erfolgt aber auch schleichend: Durch zunehmende Nährstoff- und Schadstoffbelastung versauern beispielsweise die Waldböden und nährstoffarme Ökosysteme werden gedüngt. Dadurch ändern sich die Standortbedingungen und angepasste Arten werden verdrängt. Zu einer der Hauptursachen für den Schwund von Arten und Ökosystemen entwickelt sich der Klimawandel. Wenn sich

Ballermänner

Jagdtourismus ist ein einträgliches Geschäft. Viele Reiseunternehmen ermöglichen es Hobbyjägern, ihre Jagdfantasien im Ausland auszuleben. Dort können sie ohne Einschränkung schießen – gerne auch auf Tierarten, die zuhause unter strengem Schutz stehen.

• 10-Tage-Bärenjagd in Russland: 2.850 EUR
• 12-Tage-Jagdprogramm inkl. Polarbär 20.500 US-$
• 8-Tage-Winterjagd in Kanada inkl. Schwarzbär, Wolf und Vielfraß 6.500 US-$
• 14-Tage-Spezial-Safari in Botswana inkl. Leopard und Büffel 19.950 US-$

Trends des globalen Wandels in der Biosphäre

Konversion natürlicher Ökosysteme: Umwandlung natürlicher oder naturnaher in stark anthropogen beeinflusste Ökosysteme, z. B. Wälder in Äcker, Weiden oder Plantagen oder natürliche Wasserläufe in Kanäle.

Fragmentierung natürlicher Ökosysteme: räumliche Zergliederung von Ökosystemen, z. B. durch Bau von Verkehrswegen.

Schädigung von Ökosystemstruktur und -funktion: Verlust funktioneller Einheiten in einem Ökosystem, z. B. durch die Ausrottung dominanter Arten oder von Schlüsselarten oder auch durch die Einwanderung nichtheimischer Arten.

Stoffliche Überlastung natürlicher Ökosysteme: zunehmende anthropogene Übernutzung der Senkenfunktion von Ökosystemen, z. B. Überlastung von Seen und Fließgewässern durch Einleitung von Abwässern.

Gen- und Artenverlust: Artensterben, z. B. in den tropischen Regenwäldern, aber auch die genetische Verarmung der Arten und das Aussterben der traditionellen Kulturpflanzensorten (»Gen-Erosion«) durch die Einführung von Hochertragssorten.

Resistenzbildung: schnelle genetische Anpassung natürlicher Populationen an anthropogene Eingriffe, z. B. die Resistenz von Parasiten und Krankheitserregern gegen Schädlingsbekämpfungsmittel wie DDT.

Zunahme anthropogener Artenverschleppung: gewollte oder ungewollte Verbreitung von Arten (z. B. im Ballastwasser von Schiffen oder durch gezielte Freisetzung).

Zunehmende Übernutzung natürlicher Ressourcen: nicht nachhaltige Nutzung biologischer Ressourcen (z. B. bei Jagd, Fischerei, Weide- und Waldwirtschaft).

(Quelle: »Welt im Wandel – Erhaltung und nachhaltige Nutzung der Biosphäre«, Wissenschaftlicher Beirat der Bundesregierung Globale Umweltveränderungen, Bremerhaven 2000)

die Organismen nicht oder nicht schnell genug an die veränderten Umweltfaktoren anpassen können oder keine Ausweichmöglichkeiten vorhanden sind, so sterben sie aus.

Invasive Arten

Die aktuell zweitgrößte Bedrohung der biologischen Vielfalt erfolgt durch gebietsfremde Arten. Dies sind Arten, die absichtlich oder unabsichtlich in Gebiete außerhalb ihres natürlichen Lebensraums eingeführt werden. So genannte Bioinvasionen finden inzwischen in globalem Maßstab statt und werden aufgrund des wachsenden weltweiten Handels und des Fernreiseverkehrs weiter zunehmen. Pflanzenarten, die durch den Einfluss des Menschen seit Beginn der Neuzeit (ca. 1500 n. Chr.) eingewandert sind, heißen Neophyten (»Neu-Pflanzen«). Als einheimische Arten werden solche bezeichnet, die in einem Gebiet seit dem Ende der letzten Eiszeit leben.

Die Einwanderer werden zum Problem, wenn sie in der Lage sind, in Konkurrenz um Lebensraum und Ressourcen zu anderen Pflanzen und Tieren zu treten und diese zu verdrängen. Neophyten können neben ökologischen auch beträchtliche wirtschaftliche oder gesundheitliche Probleme verursachen, wie im Fall des Riesen-Bärenklaus. Die auch Herkulesstaude genannte Pflanze, deren Saft Verbrennungen verursacht, breitet sich aggressiv auf Äckern, Wiesen und Weiden aus und verursacht enorme Ertragsverluste. Besonders große Probleme verursacht sie an Gewässerrändern, wo sie Ufergehölze und Hochstauden verdrängt und die Erosion begünstigt. Ihre Bekämpfung erweist sich als weitgehend erfolglos. Weltweit sind gebietsfremde

Hübsches Problem
Entlang einiger Flüsse (hier die Agger in Nordrhein-Westfalen) hat das aus Asien eingeschleppte Springkraut schon mehrere fußballfeldgroße Flächen überwuchert. Die Pflanze mit den schönen rosafarbenen Blüten verdrängt alle anderen Pflanzen und ist nicht mehr in den Griff zu bekommen. Und da sie dem Menschen nicht gefährlich wird, wird sie auch nicht bekämpft. Die weißen Blüten gehören dem sich rasch verbreitenden, giftigen Riesen-Bärenklau.

Unkräuter in Gewässern ein Problem, wie die Wasserhyazinthe und der Wassersalat: Allein die afrikanischen Länder geben jährlich rund 60 Mio. US-Dollar für ihre Bekämpfung aus.

Auch im Tierreich erobern fremde Wesen (Neozoen) neue Lebensräume. Tiere, die aus Haushalten, Tierparks oder der Pelztierzucht entkommen, verwildern und bauen Populationen auf, wie etwa Waschbären, amerikanische Nerze oder Nutrias. Mancher Tierhalter setzt bedenkenlos Fische, Reptilien oder andere Tiere aus, sobald sie zu groß für das Aquarium oder Terrarium werden. Damhirsch, Wildkaninchen oder Bisamratte wurden bewusst zur Jagd ausgesetzt.

Unerwünschte Einwanderer
Von den 12.000 verschiedenen Tier- und Pflanzenarten, die im Mittelmeer leben, ist fast ein Zehntel eingewandert. Darunter auch gefährliche, wie die Riesenqualle *Rhopilema normadica*, oder giftige Algen, exotische Fische und fremde Muscheln.

Mit Absicht führt auch die Forstwirtschaft Organismen ein, die der Schädlingsbekämpfung dienen sollen. Oft stellen diese Organismen aber nicht nur für den Schädling, sondern auch für andere Tiere eine Bedrohung dar. Ein Beispiel dafür ist der europäische Rüsselkäfer, der zur biologischen Schädlingsbekämpfung eingesetzt wurde. Der Käfer sollte in den USA die Ausbreitung der ebenfalls aus Europa stammenden so genannten Kanadischen Distel eindämmen. Doch schmecken dem Einwanderer die einheimischen Disteln besser, sodass der vermeintliche Helfer deren Bestand erheblich dezimiert hat. Dramatisch zeigt auch ein Beispiel der Inseln Französisch Polynesiens, wie schwer die Auswirkungen fremder Arten sich voraussagen lassen: Die eingeschleppte afrikanische Landschnecke hat sich seit ihrer Einfuhr massenhaft auf den Inseln vermehrt und drohte, die dortigen Polynesischen Landschnecken der Gattung *Partula* zu verdrängen. Als Gegenmaßnahme wurden Rosa Wolfsschnecken eingeführt. Die Wolfsschnecke fraß aber in erster Linie die heimischen Partula-Schnecken und nicht die Bioinvasoren. Nun verbreitet sie sich auf immer weiteren Inseln.

Viel häufiger als die gezielte Ansiedlung kommt allerdings die unabsichtliche Einschleppung vor. Mit den weltweiten Transporten der gobalisierten Wirtschaft werden Organismen kreuz und quer über den Globus verschleppt. Mehrere tausend Arten reisen als blinde Passagiere – als Bewuchs am Rumpf von Schiffen oder als Larven in den Ballastwasser-Tanks – mit den etwa 40.000 Hochseeschiffen. Von den 12.000 verschiedenen Tier- und Pflanzenarten, die im Mittelmeer leben, ist fast ein Zehntel eingewandert. Darunter auch gefährliche, wie die Qualle *Rhopilema normadica*, die bis zu einem Meter groß wird, oder giftige Algen, exotische Fische und fremde Muscheln. Die europäische Strandkrabbe findet sich heute nicht nur an den Küsten Amerikas, sondern auch Südafrikas, Australiens und Japans – und hat dabei bemerkenswerte neue Gewohnheiten entwickelt: In der Bucht von San Francisco wird sie doppelt so groß wie bei Helgoland und ernährt sich von ebenfalls eingeschleppten Muscheln aus Korea.

Betroffen ist auch die Nordsee. Über den internationalen Schiffsverkehr werden pro Sekunde 69 exotische Meeresbewohner eingeschleppt, die häufig in Konkurrenz zu einheimischen Arten stehen. Die spektakulärste Entwicklung der vergangenen Jahre ist dort die Invasion der pazifischen Austern. Sie verdrängen heimische Miesmuscheln, bieten aber im Nahrungsnetz keinen Ersatz. Ihre Schalen sind zu kräftig für heimische Krebse und Vögel. Als einzige Gegenmaßnahme ist bisher der Verzehr durch den Menschen bekannt.

Agrobiodiversität – Vielfalt in der Landwirtschaft

Während die Landwirtschaft die Anzahl der Arten auf den genutzten Flächen fast immer reduziert, hat sie andererseits eine erstaunliche Vielfalt an Kultursorten hervorgebracht. Die Vielfalt landwirtschaftlicher Nutz-

Agrobiodiversität
Durch Auslese und Weiterentwicklung züchtete der Mensch eine Fülle verschiedener Maissorten aus der Wildgrasart *Teosinte*. Im Mexiko gibt es rund 3.400 Maissorten.

pflanzen und Nutztiere ist das Ergebnis einer jahrhundertelangen, regional an die Umweltbedingungen angepassten Zuchtarbeit durch Bauern und Gärtner. Allein vom Reis gibt es schätzungsweise 100.000 Sorten, die in Sumpfgebieten gedeihen oder auf trockenen Gebirgsböden.

Der Erfolg der modernen Landwirtschaft, vor allem die enorme Steigerung der Erträge, beruht auf der Gestaltung künstlicher Ökosysteme und der Nutzung einiger weniger Arten. Doch zunehmend läuft sie Gefahr, eine ihrer Erfolgsgrundlagen durch die Vereinheitlichung landwirtschaftlicher Produktionsverfahren im globalen Maßstab zu vernichten: die enorme Vielfalt der Kulturpflanzen und Nutztiere. Diese (genetische) Vielfalt ist aber für die Weiterentwicklung der Pflanzensorten beispielsweise durch Einzüchten wertvoller Eigenschaften (etwa Resistenzen) von großer Bedeutung.

Weltweit werden heute noch etwa 3.000 Pflanzenarten als Nahrungsquelle genutzt. Insgesamt spielen aber nach Schätzung der Welternährungsorganisation (FAO) nur noch rund 150 Arten eine bedeutende Rolle. 80 % der Welternährung beruhen auf lediglich acht Pflanzenarten, im Wesentlichen auf Reis und Weizen. Die anderen Welternährungspflanzen sind Mais, Kartoffel, Gerste, Maniok, Süßkartoffel und Sojabohne. In den Niederlanden nimmt eine einzige Kartoffelsorte, die holländische Bintje, 80 % der Kartoffelanbau-

Konservierte Vielfalt
In Genbanken wird Saat-
material von Kulturpflan-
zensorten »in vitro«, in
Gläsern, aufbewahrt.
Das Bild zeigt die größte
deutsche Genbank in
Gatersleben.
Auch der so genannte
»On-Farm-Erhalt« widmet
sich dem Schutz alter,
kommerziell nicht mehr
angebauter Nutzpflanzen.
Hier wird das Wissen
über Anbau und Nutzung
dieser Pflanzen gepflegt
und Wildpflanzen werden
für Nahrungszwecke wei-
ter entwickelt.

fläche ein. Sie ist besonders gut für die Herstellung
von Pommes frites geeignet. In Sri Lanka wurden 1959
noch 2.000 Reissorten angebaut, heute beschränkt
sich die Auswahl im Wesentlichen auf nur noch fünf
Hauptsorten.

Nach Angaben der Vereinten Nationen sterben jeden
Tag zwei Nutztierrassen aus. Gleichzeitig erzielen einige wenige Rassen immer höhere Leistungen und werden in der kommerziellen Nutzung bevorzugt. Bei
»Holstein Friesian Rindern« etwa, dem schwarz- oder
rotbunten Milchvieh, kann ein Vatertier bis zu
100.000 Nachkommen haben, die genetisch alle sehr
ähnlich sind.

Der Naturschutz bemüht sich darum, die Leistungsfähigkeit des Naturhaushaltes zu bewahren oder wiederherzustellen. Konkret geht es um den Erhalt von Naturlandschaften oder naturnahen Landschaften einschließlich der darin lebenden Tier- und Pflanzenarten.

Das wesentliche Unterscheidungsmerkmal zum Umweltschutz liegt auf der Ebene der Schutzgüter und in der Betrachtungsweise: Der Umweltschutz bezweckt in erster Linie den Schutz der menschlichen Lebensbedingungen und bedient sich dazu oft technischer Mittel. Der Naturschutz richtet seinen Blick hingegen auf den Naturhaushalt von Lebensräumen und verfolgt unter anderem das Ziel, schädliche menschliche Einflüsse zu verhindern, zu vermindern oder wenigstens auszugleichen.

Ein Beispiel: Während der Umweltschutz darauf abzielt, das Waldsterben durch Luftreinhaltung zu bremsen, versucht der Naturschutz geschädigte Wälder zu retten oder wieder aufzubauen. Dabei wird deutlich: Der Naturschutz muss lokal agieren und die Menschen wie Landbesitzer, Land- und Forstwirte in die Vorhaben einbeziehen.

Auch der gesetzlich verankerte Artenschutz ist nur bei hinreichendem Biotopschutz möglich. Die meisten gefährdeten Arten kommen in gefährdeten Biotopen vor, die zugleich

Landschaftspflege

Viele landschaftlich reizvolle und von der Artenausstattung seltene Biotope würden ohne die permanente Nutzung – heute vielmehr: Pflege – durch den Menschen verschwinden. Hier sorgen Heidschnucken dafür, dass die Lüneburger Heide nicht wieder zu Wald wird.

Vorrangflächen für den Naturschutz darstellen: Dies sind in Deutschland etwa Quellaustritte, nährstoffarme Moore und Gewässer, Bach- und Flussauen, Trocken- und Halbtrockenrasen.

Viele Landschaften, die wir heute als schöne Natur wahrnehmen, sind durch den Menschen, maßgeblich die Landwirtschaft, gestaltet worden. Wenn man die Natur sich selbst überließe, wäre der allergrößte Teil von Wald bedeckt – mit einer vergleichsweise geringen Artenvielfalt. Daher benötigen einige der artenreichen und die landschaftliche Vielfalt prägenden Biotope permanente Pflege. So müssen Trockenrasen, auf denen Orchideen wachsen, oder artenreiche Wiesen regelmäßig beweidet oder gemäht werden. Es wäre daher angebracht, statt von Naturschutz von Landschaftsschutz zu sprechen. Und der ist oft mit hohen Kosten verbunden, wenn die Landschaft durch eine heute aufgegebene Nutzungsform geprägt wurde. Auch andere teure Schutzmaßnahmen wie Renaturierungen, Pflege alter Baumbestände oder die Wiederansiedlung von Tierarten haben in den seltensten Fällen einen direkten wirtschaftlichen Nutzen und werden daher häufig als überflüssig betrachtet.

Eine wichtige Säule des Naturschutzes ist der »Gebietsschutz«. Der Schutz bestimmter Gebiete trägt oft nicht nur zum Erhalt natürlicher Lebensräume mit ihrer Tier- und Pflanzenwelt bei, er kann auch die ökologische Stabilität in umliegenden Regionen stützen. Die häufigste und zugleich formal strengste Schutzkategorie ist das Naturschutzgebiet. Es soll hauptsächlich bedrohte Tier- und Pflanzenarten schützen.

Landschaftsschutzgebiete dienen weniger dem Naturschutz als der Erholung des Menschen. Nationalparke schützen großräumige Naturlandschaften von besonderer Eigenart, Schönheit oder Seltenheit in einem möglichst natürlichen Zustand. Naturparke haben einen weit geringeren Schutzstatus: Sie dienen dem Erhalt von Kulturlandschaften – meist als Erholungsgebiete. Auch in den international anerkannten Biosphärenreservaten werden Kulturlandschaften geschützt.

Landwirtschaft: Gestalter und Zerstörer

Die Landwirtschaft nutzt seit Jahrtausenden die Ressourcen Boden, Wasser, Luft sowie Biodiversität. In allen dicht bevölkerten Regionen der Erde prägen vornehmlich Ackerbau und Viehzucht die Landschaft. Für sie wurden und werden Wälder gerodet, Grasländer mit Getreide bestellt, Moore entwässert, Küstengebiete eingedeicht und trockengelegt. Durch die kleinräumige Nutzung der Landschaft sind bis zur Mitte des 20. Jahrhunderts vielfältige Mosaiklandschaften entstanden, die auch Lebensräume für wild lebende Tiere und Pflanzen waren.

Über Jahrtausende haben Bauern und Gärtner die Vielfalt und den Ertrag der Nutzpflanzen und -tiere erhöht. Mit Saatgutaustausch und Handel wanderten seit dem Mittelalter viele Pflanzen in neue Gebiete ein, die Tiere folgten. Sie alle passten sich sehr präzise an den Bewirtschaftungsrhythmus der Äcker an. Getreidewildkräuter wie Kornrade und Kornblume oder Vögel der Ackerlandschaft wie Feldlerche und Rebhuhn sind dafür typische Beispiele in unseren Breiten.

Farbenfrohe Nutznießer
Typische Getreidewildkräuter unserer Äcker: Klatschmohn und Kornblume.

Umweltbelastung Nummer eins

Mit dem Einzug der industrialisierten Landwirtschaft hat ihr Einfluss auf die Umwelt eine neue Dimension erreicht: Heute sind die von der Landwirtschaft genutzten Landschaften arm an Strukturen. Ausgeräumte große Felder erlauben den effizienten, maschinellen Anbau von Feldfrüchten. Es verschwanden Geländekanten, Kleingewässer, Weg- und Feldraine, Hecken, Feldgehölze und Bäume. Die intensive Landwirtschaft ist weltweit zum größten Wasserverbraucher (s. S. 70), Umweltverschmutzer und Zerstörer naturnaher Flächen geworden.

Auf weiten Flächen angebaute Monokulturen begün-

Hauptsache billig

Supermärkte bieten Fleisch mittlerweile zu Dumpingpreisen an; die 79 Cent, die Butter beim Discounter kostet, sind weniger als die Kosten, die der Bauer hat, sie herzustellen. Wer zu solchen Preisen einkauft, ist direkt mitverantwortlich dafür, dass die Qualität der Nahrung, Tierschutz und ein sorgsamer Umgang mit Böden, Wasser und Kulturlandschaft auf der Strecke bleiben. Die BSE-Krise, Dioxine im Tierfutter und Hormone oder Antibiotika im Fleisch sind Ausdruck des ökonomischen Drucks, dem die Bauern ausgesetzt sind.

stigen die Invasion spezialisierter Schädlinge, wodurch Kosten für Insektizide, Pestizide und Fungizide (Chemikalien gegen Insekten, Keime, Pilze) entstehen. Die industrialisierte Tierzucht setzt routinemäßig Wachstumsbeschleuniger, Antibiotika und andere Medikamente ein. Schadstoffe in Gewässern und Nahrung sowie Resistenzen von Krankheitserregern und Schädlingen sind oft die Folge.

Der Nährstoffbedarf der industrialisierten Landwirtschaft verlangt hohe Düngergaben in Form von Kunstdünger oder tierischen Exkrementen. In der Folge gelangen Nitrat und Phosphate in Grundwasser, Flüsse, Seen und Meere; Emissionen aus der Landwirtschaft führen zu Bodenversauerung und Waldsterben durch sauren Regen; Ammoniak aus den Ställen löst Krankheiten wie Asthma oder Allergien aus. Zu rund 15 % trägt die Landwirtschaft über Treibhausgasemissionen

Chemische Unkrautbekämpfung

Mit Herbiziden unterbinden die Landwirte das Wachstum von Ackerwildkräutern, auch Unkräuter genannt. Rund 35.000 t der Chemikalien werden jährlich allein auf Deutschlands Äcker ausgebracht. Viele dieser Stoffe sind giftig.

zur globalen Klimaveränderung bei – neben Kohlendioxid (CO_2) mit den besonders wirksamen Spurengasen Distickstoffoxid (N_2O), Ammoniak (NH_3) und Methan (CH_4).

Die Landwirtschaft wird immer produktiver. Hat eine Kuh Anfang der 1950er Jahre pro Jahr noch rund 2.600 l Milch gegeben, waren es Ende der 1990er schon fast 6.000 l, bei Spitzenwerten um 10.000 l. Eine solche Milchleistung kann nur mit hochkonzentriertem Kraftfutter erzielt werden, nicht mehr mit dem, was ein bäuerlicher Mischbetrieb selbst herstellen kann. Die Hochleistungsrinder sind anfälliger für Krankheiten und haben eine kürzere Lebenserwartung.

Fleischkonsum

Die größten Probleme der Landwirtschaft sind gegenwärtig mit dem weltweit weiter steigenden Fleischkonsum verbunden. Laut Statistik der Welternährungsorganisation FAO werden global jährlich rund 44 Mrd. Nutztiere (Rinder, Schweine, Hühner) verzehrt, 2004 waren es etwa 258 Millionen t Fleisch (den Verbrauch in etlichen kleineren Ländern nicht mitgezählt, ebenso wenig Tierarten wie Wild, Affen, Pferde, Kängurus, Strauße und sämtliche Wassertiere). Vor allem die Schwellenländer Asiens steigern ihren Fleischkonsum drastisch. Im Jahr 2020 werden die Menschen in Entwicklungsländern mehr als 39 kg Fleisch pro Jahr und

Hamburgerization
Statt pflanzliche Nahrung gegen den Hunger der Welt anzubauen, wird immer mehr Fläche für das Vieh und Futtermittel geopfert. Seit 1970 wurden in Lateinamerika weit mehr als 20 Mio. ha Wälder in Weideland für fleischliefernde Tiere umgewandelt. Auch Indien und Indonesien bauen immer mehr Tierfutter auf den Flächen der immer rascher schwindenden Wälder an.

Person konsumieren, doppelt so viel wie 1980. Die Menschen in den Industrieländern werden es dann auf 90 kg bringen, so viel wie eine Rinderhälfte, 50 Hühner oder ein Schwein.

Die Lust auf Fleisch, Eier und Milch hat einen hohen Preis: Schon heute entfällt etwa die Hälfte des weltweit verfügbaren Ackerlandes auf die Tierzucht (26 % auf Weideflächen, 21 % auf Futteranbau). Bei dem Umweg über die Tiere geht wertvolle Nahrungsenergie verloren: Für jede Kalorie verzehrbaren Fleisches wird je nach Tierart zwischen dem 7- und 20-fachen an Getreide oder Soja verfüttert.

Heute landet rund die Hälfte des weltweit produzierten Getreides und 90 % der Sojabohnen in den Futtertrögen von Rindern, Schweinen und Geflügel. Etwa 60 % der europäischen Futtermittel stammen aus Entwicklungsländern. Allein die in den USA bei der Tierzucht verbrauchten Getreidemengen würden ausreichen, um jeden Menschen auf der Erde mit einer täglichen Ration zu versorgen, rechnet Jeremy Rifkin in seinem Buch »Das Imperium der Rinder« vor. Stattdessen leiden 1,3 Mrd. Menschen an Unterernährung und Hunger.

Grüne Revolution – Fortschritt mit Nebenwirkungen

In den 1960er Jahren wurde auf der Südhalbkugel unter dem Schlagwort der »Grünen Revolution« begonnen, Hochleistungssorten von Mais, Weizen oder Reis anzubauen. Vordergründiges Ziel war es, den Hunger zu bekämpfen. Die traditionell über einen langen Zeitraum dort etablierten, optimal an die vorherrschenden Boden- und Niederschlags-, Temperatur-, Nährstoff- und Anbauverhältnisse angepassten lokalen Landrassen wurden jedoch verdrängt. Die Ertragsfähigkeit der neuen Sorten gegenüber den Landsorten ist jedoch nur

Trauriges Massenvieh
Massentierhaltung ist weder tierfreundlich noch appetitlich: zerrupfte Hühner in Batteriekäfigen; Kühe mit kranken Fesseln und entzündeten Eutern; Puten mit so riesigen Brüsten, dass sie vornüberfallen. Der Verbraucher reagiert auf solche Bilder mit Entsetzen, mit den eigenen Ernährungsgewohnheiten aber bringt er sie lieber nicht in Verbindung. Doch 98 % des Fleisches, das in Deutschland verzehrt wird, stammt aus Massentierhaltung – von gestressten Tieren, die sich kaum bewegen durften und mit Medikamenten voll gestopft wurden.

dann höher, wenn gleichzeitig die Bodenbearbeitung mechanisiert wird, Bewässerungssysteme angelegt und Dünger und Pflanzenschutzmittel eingesetzt werden.

Der intensive chemische Pflanzenschutz, den die Hochertragssorten benötigen, belastet die Umwelt und gefährdet die Gesundheit der ländlichen Bevölkerung. In vielen Reisbaugebieten Südostasiens musste beispielsweise wegen des Chemikalieneinsatzes die traditionelle Fisch- und Wassergeflügelhaltung aufgegeben werden; eine wichtige Eiweißquelle brach damit weg. Durch unsachgemäße Handhabung bei der Lagerung und dem Einsatz von Agrochemikalien treten häufig Vergiftungen ein. Die Weltgesundheitsorganisation WHO zählt jährlich 3 Millionen Fälle von Pestizidvergiftung; 20.000 Menschen sterben, 732.000 tragen Langzeitschäden davon.

Intensivkulturen machen aufgrund ihres enorm hohen Wasserbedarfs oftmals groß angelegte Bewässerungssysteme notwendig, zu deren Speisung Staudämme errichtet oder Wasservorkommen aufgebraucht werden. Künstliche Bewässerung führt häufig zu Versalzung und damit Unfruchtbarkeit des Bodens. Inzwischen stagnieren die Erträge oder gehen zurück. Viele Kleinbauern sind tief verschuldet, da sie Düngemittel und Pflanzenschutzmittel auf Kredit kaufen mussten. So nimmt die Verarmung der Landbevölkerung zu, viele sind gezwungen, ihren Besitz zu verlassen, und ziehen in die Städte.

Herausforderung Welternährung

Ein Hektar Agrarfläche muss als Folge des globalen Bevölkerungswachstums immer mehr Menschen ernähren. Die Weltproduktion an Nahrungsmitteln ist zwischen 1970 und 2000 um rund 90 % angestiegen. Dennoch leiden immer noch rund 1 Milliarde Menschen weltweit an Unterernährung. Die wichtigsten Ursachen neben Naturkatastrophen, Kriegen und Bevölkerungswachstum lauten: niedrige Einkommen, mangelhafte Infrastruktur, Wasserknappheit, ungerechte Verteilung von Grund und Boden, Verschuldung der Bauern, Staatsschulden und Exportorientierung der Landwirtschaft.

Wachstum der Weltbevölkerung

2,5 Mrd. — 1,7 (1950)
6,3 Mrd. — 4,2 (2000)
10,3 Mrd. — 7,0 (2050)

Grüne Revolution II: Grüne Gentechnik

Eine ähnlich problematische Entwicklung erwarten Kritiker von der Agro-Gentechnik, auch »Grüne Gentechnik« genannt. Auf den ersten Blick ist die Liste der vorteilhaften Eigenschaften, die den Nutzpflanzen im Labor gentechnisch hinzugefügt werden können, beeindruckend. Sie reicht von Krankheits-, Herbizid- und Insektenresistenz über Hitze-, Dürre- oder Salztole-

ranz bis hin zu beschleunigter Reife auf dem Feld, längerer Haltbarkeit nach der Ernte und einer verbesserten Zusammensetzung der Inhaltsstoffe (Mineralien, Vitamine, Impfstoffe).

Dem stehen aber nicht zu unterschätzende Gefahren gegenüber: Über ein Auskreuzen genmanipulierter Pflanzen mit Wildpflanzen können schwer bekämpfbare Unkräuter entstehen. Die von Pflanzen selbst gebildeten Insektengifte lösen möglicherweise Resistenzen bei den Schädlingen aus.

Bereits heute wird deutlich, dass der Pestizideinsatz durch die Agrogentechnik eher ansteigt, statt zu sinken. Der Grund: 80 % aller gentechnisch veränderten Pflanzensorten wurden resistent gegen bestimmte Herbizide gemacht, die in großer Menge auf die Felder aufgebracht werden. So sterben alle Pflanzen außer den angepflanzten.

Ähnlich wie die Grüne Revolution wird wahrscheinlich auch die Grüne Gentechnik Hunger und Mangelernährung nicht besiegen können. Bisher zeigt sich, dass es kaum zu Ertragssteigerungen kommt. Die Gentechnik ist zudem auf großflächigen, maschinen-, dünge- und chemieintensiven Landbau ausgerichtet. Den Hungernden fehlt hingegen zumeist ein Zugang zu fruchtbarem Land und Saatgut. Gentechnisch veränderte Nutzpflanzen sind oft unfruchtbar und immer durch Patente geschützt. Das bedeutet, dass Bauern

Ungeliebte Gentechnik
Während in den USA, Argentinien, Kanada und China großflächig gentechnisch veränderte Pflanzen (GVO) angebaut werden, sind sich die Verbraucher und die meisten Bauern in Europa einig in ihrer Ablehnung. Die Erzeugnisse erreichen auf dem Weltmarkt daher deutlich niedrigere Preise. Wichtig für konventionell und vor allem ökologisch wirtschaftende Bauern ist, dass ihre Felder nicht durch benachbarte Äcker mit GVO »verschmutzt« werden. Die Bauern fordern daher gesetzliche Regelungen, die eine »Koexistenz« normaler und veränderter Pflanzen ermöglichen und den Ersatz von Schäden klären.

nicht mehr wie bisher einen Teil ihrer Ernte als Saatgut verwenden können oder dürfen und jedes Jahr Lizenzgebühren zahlen oder Saatgut kaufen müssen. Ein großes Geschäft für die Saatgutkonzerne und ein schlechtes für die Bauern.

Nachhaltige Landwirtschaft

Es gibt eine Vielzahl von Möglichkeiten, umweltschonend Landwirtschaft zu betreiben, die natürlich abhängig von den geografischen und klimatischen Bedingungen sind. Dennoch gibt es Grundsätze, die weltweit gelten und nach denen sich auch die ökologische Landwirtschaft in Europa richtet. Wichtiges Merkmal ist ein möglichst geschlossener Nährstoffkreislauf sowie ein Verzicht auf chemisch-synthetische Pflanzenschutz- und Düngemittel. Tierhaltung und Pflanzenanbau arbeiten dabei Hand in Hand. Futtermittel vom Acker oder der Weide versorgen das Vieh, das im Gegenzug Dünger liefert, der dann wieder den Anbau von Getreide und anderen Früchten ermöglicht. Vielseitige Fruchtfolgen, artgerechte Tierhaltung und schonende Bodenbearbeitung unterstützen diese Form der naturnahen Landwirtschaft.

Der ökologische Landbau leistet aufgrund weitgehend geschlossener Betriebskreisläufe, des Verzichts auf chemischen Dünger und eines geringeren Tierbesatzes bedeutende Beiträge zum Klimaschutz. In der Regel trägt er auch zur Erhaltung und Verbesserung der Artenvielfalt und des Landschaftsbildes bei.

Allerdings lässt sich auch Ökolandbau industriell betreiben. Die wenig strengen Anforderungen der europäischen Ökoverordnung lassen hier ausreichend Spielraum. Die Tendenzen sind bereits sichtbar, wie eine Ausweitung der Gewächshausflächen (und damit verbunden erhöhter Energieverbrauch), die Verwendung leicht löslicher Düngemittel oder die Trennung von Ackerbau- und Viehzuchtbetrieben.

Die Preise für Produkte aus der ökologischen Landwirtschaft sind im Vergleich mit den Erzeugnissen der

Ökologischer Landbau
Das Biosiegel kennzeichnet Produkte des ökologischen Landbaus, die nach den Kriterien der EG-Öko-Verordnung hergestellt werden. Produkte aus »kontrolliert biologischem Anbau«, die von den Anbauverbänden des Ökolandbaus (Demeter, Bioland, Naturland, EcoVin u. a.) kontrolliert werden, unterliegen deutlich höheren Anforderungen. Produkte, die nur nach der europäischen Ökoverordnung hergestellt werden, sind daher meist auch nur unwesentlich teurer als konventionell produzierte – eine Chance für Ökoprodukte in normalen Supermärkten.

konventionellen Landwirtschaft aus mehreren Gründen bei vielen Produkten deutlich höher: Der Ertrag ist oft bis um die Hälfte geringer und wesentlich größeren Schwankungen unterworfen; gleichzeitig muss der Landwirt mehr menschliche Arbeitskraft investieren.

Bisher fristet der ökologische Landbau in Deutschland noch ein Nischendasein. Lediglich 4,5 % der Agrarfläche wurden 2004 nach dessen Kriterien bewirtschaftet, in 3,9 % der Betriebe. Knapp ein Drittel der Ökobetriebe und gut ein Fünftel der Ökofläche Europas liegen in Italien. Die höchsten Anteile an Fläche und Betrieben mit jeweils über 8 % hat dagegen Österreich.

Die Förderung des ökologischen Landbaus ist nicht die einzige politische Maßnahme, um die Landwirtschaft zu reformieren. Die EU hat 2003 eine Agrarreform angestoßen, um zum einen die Überproduktion zu beenden und zum anderen den Natur- und den Verbraucherschutz zu stärken.

Nebeneinkommen
Hofläden sind mittlerweile wieder eine verbreitete Möglichkeit, um das Einkommen der Bauern zu verbessern.

Beihilfen werden in Zukunft nicht mehr wie bisher für ein bestimmtes Produkt und mengenabhängig gewährt, sondern auf die Fläche bezogen. Dem Landwirt steht es künftig frei, Raps, Getreide oder gar nichts auf seinen Feldern anzubauen. Auf stillgelegtem Ackerland kann er Wiese säen oder der Natur

bei der Begrünung freien Lauf lassen. Gefordert wird nur, dass der Aufwuchs in beliebigen Abständen gemulcht, also zerkleinert und auf der Fläche verteilt, oder gemäht und abgefahren werden muss.

Voraussetzung für eine Gewährung staatlicher Subventionen ist die Einhaltung rechtlicher Vorgaben zum Umwelt-, Tier- und Verbraucherschutz. Unklar ist jedoch, was genau unter der Gewährleistung eines »guten landwirtschaftlichen und ökologischen Zustands« der bewirtschafteten Flächen zu verstehen ist.

Kleider machen Leute, manchmal aber auch krank: Das gilt sowohl für die Menschen, die die Rohstoffe und die Kleidung herstellen, als auch für die, die sie tragen.

Schwere Nebenwirkungen auf die Umwelt haben vor allem die großflächigen Baumwoll-Monokulturen. Weltweit werden über 10 % aller Pestizide im Baumwollanbau ausgebracht, darunter einige der gefährlichsten Nervengifte. Mehr und mehr Bauern in den wichtigsten Erzeugerländern USA und China setzen zudem auf gentechnisch veränderte Pflanzen. Für die maschinelle Ernte der Fasern wird das grüne Kraut schließlich durch den Einsatz von Entlaubungsmitteln abgetötet. Dabei sind die Lohnkosten der Landarbeiter so niedrig, dass die Ersparnis durch die maschinelle Ernte in den meisten Ländern kaum ins Gewicht fällt. Die Folge des Chemieeinsatzes sind schwere akute und chronische Krankheiten der Bauern und Landarbeiter und zunehmenden Resistenzen der Schädlinge.

Weil jeder Regenschauer auf die Baumwollkapseln der Qualität abträglich ist, wird die Pflanze häufig in den sommertrockenen Subtropen angebaut und dabei stark bewässert – für eine einzige Jeans mit bis zu 8.000 Litern Wasser (vgl. Aralsee, S. 84).

Alternativen zur konventionellen Baumwollproduktion haben sich noch nicht durchgesetzt. Die gesamte Ernte an Ökobaumwolle liegt mit etwa 12.000 t/Jahr bei nicht einmal 0,1 % der Weltproduktion. Dabei machen die Rohstoffe beim Preis der fertigen Kleidungsstücke nur einen verschwindend geringen Teil aus. Andere Naturfasern wie Wolle, Flachs oder Hanf fallen mengenmäßig ebenfalls kaum ins Gewicht.

Einen größeren und wachsenden Markt haben dagegen Kunstfasern. Viskose wird aus Holz-Zellulosefasern unter Einsatz von Schwefelverbindungen und Natronlauge herausgekocht und gilt daher als Chemiefaser. Polyester und Polyacryl sind reine Synthetikfasern; sie werden unter hohem Energieaufwand aus Erdöl gewonnen. Dabei erfodert die Herstellung von Polyacryl mit 210 l/ kg vergleichsweise wenig Wasser.

Jede Menge Chemie kommt bei der so genannten »Veredelung« oder »Ausrüstung von Textilien« zum Einsatz, die das Aussehen sowie die Verarbeitungs- und Gebrauchseigenschaften verbessert. Dies gilt auch für Kleidung aus Naturfasern. Die Chemikalien, die mitunter große Gewichtsanteile des Kleidungsstücks ausmachen, können direkt durch die Haut in den Körper gelangen. Welche Substanzen zum Einsatz kommen, ist gut gehütetes Geheimnis der Textilindustrie. Darunter sind beispielsweise Kunstharze, von denen einige Formaldehyd abspalten, und schwermetallhaltige Textilfarben. Die Fasern können auch antimikro-

Kleidung mit Nebenwirkungen

Baumwollernte von Hand bei einem Bio-baumwoll-Projekt in Burkina Faso des Öko-kleidungsanbieters Hess Natur.

biell mit Antibiotika ausgerüstet oder zur Schmutzabweisung mit einem teflonähnlichen Kunststoff überzogen sein.

Was bei Naturtextilien die höhere Qualität und somit den höheren Preis ausmacht, ist im Wesentlichen die andere Verarbeitung der Fasern. Hersteller von Öko-Textilien bleichen auf Sauerstoffbasis, verwenden zum Färben schwermetallfreie Farbstoffe, verzichten auf formaldehydhaltige Kunstharze für die »Pflegeleicht«-Ausrüstung und verwenden statt dessen mechanische Verfahren. Auch chemiefrei kann Schutz gegen Einlaufen erzielt, können Kleidungsstücke glänzend oder flauschig gemacht werden. Hohe Standards garantiert das Label »Naturtextil«, das den gesamten Herstellungsprozess bewertet. Die ausgezeichneten Kleidungsstücke bestehen aus nachhaltig erzeugten und schonend verarbeiteten Naturfasern. Umwelt- oder gesundheitsbedenkliche Stoffe sind grundsätzlich verboten. Außerdem sind faire Arbeitsbedingungen und eine faire Entlohnung vorgeschrieben.

Nahezu alle großen Unternehmen, die konventionelle Kleidung anbieten, betreiben Outsourcing ihrer Produktion: Sie beziehen ihre Ware von Zulieferern aus Billiglohn-Ländern und profitieren von den niedrigen sozialen und ökologischen Standards in den Steuer- und Zollenklaven Asiens. Die Vorteile für die Unternehmen sind die sehr niedrigen Lohnkosten, keine Kontrollen und keine Sanktionen bei der Missachtung von Arbeitsrechten und Umweltvorschriften. Leidtragende des gnadenlosen Preisdrucks und der knallharten Lieferzeiten des Textilien-Weltmarkts sind die Beschäftigten der Textilindustrie. Die Arbeitsbedingungen in den riesigen Nähstuben, den so genannten Sweatshops (»Schwitzbuden«), sind zumeist menschenunwürdig, der Lohn liegt unterhalb des Existenzminimums. Da die einzelnen Fabriken in starkem Konkurrenzdruck zueinander stehen und die Unternehmen über die Drohung, andernorts fertigen zu lassen, die Preise drücken können, werden die Arbeiterinnen gezwungen, immer mehr und immer schneller zu produzieren. Und während die Herstellung extrem billig ist, fließen Milliardenbeträge in die Markenwerbung. Bei einem Marken-Turnschuh, der im Laden beispielsweise 100 Euro kostet, beträgt der Lohnanteil gerade einmal etwa 40 Cent (s. S. 165).

Stoffströme:
von Rohstoffen, Produkten und Abfällen

Der Wohlstand der Menschen beruht im Wesentlichen auf der Nutzung der Rohstoffe, die die Natur zur Verfügung stellt. Einige davon sind erneuerbar, andere endlich. Erneuerbare Ressourcen wachsen innerhalb eines überschaubaren Zeitraums nach oder regenerieren sich (etwa Holz, Feldfrüchte, Wasser); die endlichen werden durch ihre Nutzung aufgezehrt (Erdöl, Erdgas, Kohle, Erze, fossiles Grundwasser). Ressourcen wie die biologische Vielfalt können auch indirekt durch menschliche Nutzung zerstört werden, ohne dass ein Nutzen entsteht.

Die Wirtschaft des Industriezeitalters ist linear und sehr materialintensiv organisiert: Dinge werden hergestellt, um nach einer mehr oder weniger langen Nutzung ausrangiert zu werden, gewöhnlich auf einer Deponie oder in einer Müllverbrennungsanlage. Angetrieben wird dieses System von nicht erneuerbaren Brennstoffen, Atomkraft und Chemikalien; die Abfallprodukte aus den Produktionsprozessen belasten Boden, Gewässer und Luft.

Viele Länder der Erde stehen heute erst am Anfang ihrer industriellen Entwicklung. Sollte diese auf Basis der heute vorherrschenden Technologien und Rohstoffe vorangehen, wäre die Belastbarkeit der Umwelt mit

Rohstoffgewinnung im Tagebau
Riesige Erdbewegungen gehen mit der Förderung von Rohstoffen einher. Besonders ungünstig ist das Verhältnis von Rohstoff zu Abraum bei Metallen. Es reicht von 1:14 bei Eisen über 1:1.000 bei Gold bis 1:350.000 bei Platin. Luxusimporte wie Platin, Gold oder Silber und technische Metalle wie Coltan schlagen immer tiefere Wunden – auf anderen Kontinenten.

Die schmutzige Basis unserer Wirtschaft
Die Förderung des wichtigsten Energieträgers, des Erdöls, verursacht verheerende Schäden. Alternative Technologien, die Rohstoffe sparen und erneuerbare Energien nutzen, sind längst vorhanden, sie müssten nur noch optimiert und eingesetzt werden – in spätestens 50 Jahren werden die Erdölvorräte ohnehin aufgebraucht sein.

Sicherheit bald überschritten. Die Ausführungen zum »ökologischen Fußabdruck« (s. S. 43) haben bereits gezeigt: Hätte die gesamte Weltbevölkerung den gleichen Lebensstandard wie die Europäer, so könnten gerade einmal 1,7 Milliarden Menschen dauerhaft auf der Erde leben. Hochrechnungen gehen für die kommenden 50 Jahre von einer Verdreifachung des weltweiten Energie- und Rohstoffverbrauchs aus. Möglicherweise werden einige Rohstoffe zur Neige gehen; eine weitere Grenze für das Wachstum ergibt sich aus der beschränkten Aufnahmefähigkeit der Ökosysteme für Schadstoffe.

Begrenzung der Stoffumsätze

Wie lassen sich die Grenzen der ökologischen Aufnahmefähigkeit mit dem gewünschten Wachstum des Wohlstands in Einklang bringen? Wenn die Umweltbelastungen mit dem Verbrauch von Rohstoffen zusammenhängen, so muss der Einsatz von Energie und Materialien in das Wirtschaftssystem (der Input) verringert werden. Das erste Ziel, das sich daraus ableiten lässt, lautet, die Ressourcenproduktivität zu erhöhen. Dies bedeutet, aus der gleichen Menge an Rohstoffen, Energie und Fläche mehr Produkte oder Dienstleistungen zu erzeugen. Oder besser: mit weniger Einsatz den gleichen oder gar mehr Nutzen und Wohlstand zu er-

Nachhaltige Entwicklung

Geht man vom heutigen Stand der vorherrschenden Wirtschaftsweise und der verwendeten Technik aus, so sind »Die Grenzen des Wachstums«, wie sie der Zukunftsforscher Dennis Meadows in seiner Studie 1972 skizzierte, sicherlich bald in greifbarer Nähe. Der Bericht der »Brundtlandt-Kommission« im Namen der Vereinten Nationen aus dem Jahre 1987 reagierte darauf mit der Forderung nach *sustainability*, nach »nachhaltiger Entwicklung«. Der Begriff Nachhaltigkeit ist aus der Forstwirtschaft entlehnt: Nachhaltig heißt dort, in einem bestimmten Zeitraum nur so viel abzuholzen, wie gleichzeitig nachwächst.

Mit einer nachhaltigen, zukunftsfähigen Entwicklung soll also die Gerechtigkeit zwischen den Generationen hergestellt werden: Die Menschheit soll heutige Bedürfnisse befriedigen, ohne die Möglichkeiten künftiger Generationen zu beeinträchtigen. Bei der Betrachtung zukünftiger Bedürfnisse dürfen die der heute lebenden Menschen nicht außer Acht gelassen werden. So haben alle Staaten, alle Menschen, die heute und morgen leben, das gleiche Recht, die Rohstoffe der Erde zu benutzten oder zu verbrauchen, um ihren Wohlstand zu mehren. Langfristig – davon geht die Idee der nachhaltigen Entwicklung aus – wird wachsender Wohlstand der Umwelt auch direkt zugute kommen, da Armut die Hauptursache für ökologische Probleme ist.

zeugen. Dieses Ziel wird auch Dematerialisierung genannt.

Dazu sind neuartige Verfahren und Produkte nötig, die weniger Energie, Rohstoffe und Fläche verbrauchen, weniger Abgase, Abwässer und Lärm produzieren und zugleich eine mindestens gleich hohe Leistungsfähigkeit aufweisen. Die zunehmend effizientere Nutzung der eingesetzten Rohstoffe ist in der Wirtschaft nichts Neues, spart sie doch auch Geld: So werden Verpackungen immer dünner und leichter, der Wasserverbrauch in industriellen Prozessen sinkt kontinuierlich und der Energieverbrauch von Maschinen, Generatoren und Geräten ebenfalls. Doch die relative Reduktion des Ressourceneinsatzes wird durch die steigende Menge an produzierten und konsumierten Waren mehr als ausgeglichen; somit ist kein absoluter Rückgang des Materialeinsatzes feststellbar. Oft macht eine effiziente Produktion Produkte und Dienstleistungen billiger; sie werden dann verstärkt nachgefragt und

Höchst konzentriert
Die Großstädte dieser Welt zwängen die Menschen auf engstem Raum zusammen. Das ist aus Sicht des Flächenverbrauchs möglicherweise positiv zu bewerten. Doch die konzentrierten anthropogenen Stoffströme mit ihren Massen an Abfällen und ungesunden Abgasen überfordern das System Stadt und die dort lebenden Menschen.

der Einspareffekt geht verloren. Dieses Phänomen nennt man »Rebound-Effekt« (Bumerang-Effekt).

Viele Wissenschaftler halten nichtsdestotrotz mindestens eine Halbierung der globalen Stoffströme für unabdingbar und machbar. Mit diesem verringerten Input muss aber – mit Blick auf die wachsende Weltbevölkerung und das Wachstum des Wohlstandes – eine Verdopplung der Waren und Dienstleistungen einhergehen. Dies ergibt das Ziel einer vierfachen Ressourcenproduktivität: einen Faktor 4. Diese Entkopplung des Wirtschaftswachstums vom Materialverbrauch um einen Faktor 4 (bisweilen auch um einen Faktor 10) ist als Ziel mittlerweile in vielen nationalen und internationalen Umwelt- und Nachhaltigkeitsplänen enthalten.

Perfekte Logistik
Der weltweite Handel wächst kontinuierlich. Riesige Umschlagplätze wie der Hamburger Hafen fungieren als Drehscheiben des Warenflusses.

Nutzen statt besitzen

Viele Millionen Geräte stehen in Küchen, Kellern und Garagen. Millionen Autos werden nur wenige Kilometer am Tag bewegt. Eine gemeinsame Nutzung (als »Pooling« oder »Sharing« bezeichnet) bringt einen Verlust von Spontaneität und Privatsphäre mit sich – und einigen Organisationsaufwand. Aber auch Vorteile: Die Anschaffungs- und Fixkosten sowie das Reparaturrisiko werden geteilt. Durch kürzere Amortisationszeiten können veraltete Geräte schneller durch umweltfreundlichere und technologisch ausgereiftere ersetzt werden. Vor allem aber werden Rohstoffe und Energie und letztlich auch Kosten eingespart. Schon der griechische Philosoph Aristoteles schrieb vor mehr als 2000 Jahren: »Der wahre Reichtum liegt im Gebrauch von Gütern, nicht im Eigentum.«

Bei Fahrzeugen ist das Modell des Car-Sharings ausgereift, wird aber deutschlandweit nur von knapp 100.000 Nutzern angenommen: Mehrere Nutzer teilen sich einen modernen Fuhrpark mit verschiedensten Fahrzeugtypen, die je nach Bedarf benutzt werden können. Gezahlt wird eine Pauschale sowie eine Gebühr für Nutzungsdauer und gefahrene Strecke.

Weitere professionelle ökoeffiziente Dienstleistungen werden unter der Bezeichnung »Leasing« oder »Contracting« angeboten. Auch dabei bleibt der Anbieter des Produkts der Besitzer und kümmert sich während der gesamten Nutzungsphase darum, dass es optimal funktioniert. Ist es kaputt oder veraltet, wird es repariert, modernisiert oder durch ein neues ersetzt. Der Hersteller kümmert sich zudem um die Entsorgung oder das Recycling. Der Nutzer erwirbt lediglich die Dienstleistung. Praktiziert wird dies bisher vor allem im gewerblichen Bereich, etwa bei Bürogeräten.

Abfälle und kein Ende

Jedes Produkt, das nicht komplett verbraucht wird, fällt nach kurzer oder längerer Nutzungsdauer als Abfall an. Seit 1996 schreibt das deutsche Kreislaufwirtschafts- und Abfallgesetz vor, dass Abfälle in erster Linie zu vermeiden, in zweiter Linie stofflich oder energetisch zu verwerten und erst, wenn dies nicht möglich ist, ordnungsgemäß zu beseitigen sind. Neu eingeführt wurde, dass Entwickler, Erzeuger, Verarbeiter und Vertreiber zur Produktverantwortung verpflichtet sind: Sie haben ihre Erzeugnisse so zu gestalten, dass bei der Herstellung und dem Gebrauch möglichst wenig Abfälle entstehen und die nicht vermeidbaren Abfälle umweltverträglich verwertet werden können.

Die so genannte Kreislaufwirtschaft hat zum Ziel, die Materialströme im Kreislauf zu führen und die Wirtschaftsaktivitäten möglichst unschädlich in die natürlichen Stoffströme einzubinden. Ansatzpunkte für die praktische Umsetzung der Kreislaufwirtschaft finden sich in drei Teilbereichen: in der Schließung produktbezogener Kreisläufe (vorwiegend durch Wiederverwertung von Produkten und Werkstoffen), der Schließung produktionsbezogener Kreisläufe im Betrieb (etwa bei Wasser) und der Vernetzung zwischenbetrieblicher Stoffkreisläufe (etwa durch Nutzung der Abfälle oder Nebenprodukte eines Betriebes in einem anderen).

Nach Angaben des Bundesumweltministeriums ist es Deutschland gelungen, weltweit die höchsten Verwertungsquoten zu erzielen. Jeweils mehr als die Hälfte aller Siedlungs- und Produktionsabfälle werden demnach verwertet. Es gibt zwei Formen der Verwertung: zum einen die thermische, bei der Abfälle als Brennstoffe in Hochöfen oder in Kraftwerken genutzt werden. Zum anderen die stoffliche, auch Recycling genannt, bei der benutzte Materialien als so genannte Sekundärrohstoffe ein zweites Leben in neuen Produkten erfahren.

Bisher werden vor allem Glas, Papier und Metalle recycelt. Stoffe erneut zu verwenden setzt voraus, dass die Produkte entsprechend hergestellt werden. Dazu gehört etwa, dass sie sich demontieren lassen, also mit lösbaren Schraub- und Steckverbindungen anstelle von Klebstoffen zusammengehalten werden. Nur unter großem Auf-

Produktverantwortung für Elektroschrott
Das Elektro- und Elektronikgerätegesetz verpflichtet Hersteller seit 2006, ausrangierte Geräte kostenlos zurückzunehmen und nach dem Stand der Technik sicher zu entsorgen. Ziel ist auch, dass Nutzer in Zukunft mehr umweltgerechte – weil besonders langlebige und gut verwertungsfähige – Neugeräte kaufen können.

wand oder gar nicht mehr trennen lassen sich Produkte, bei denen verschiedene Stoffe gemischt wurden, etwa bei Beschichtungen oder Kunststoffmischungen. Nicht jedes Material eignet sich gleichermaßen für Recycling. Bei Metallen oder Glas beispielsweise bleibt die Qualität des Stoffes meist erhalten. Bei Papier hingegen nimmt die Qualität mit jedem Recyclingvorgang ab. Auch Kunststoffe erreichen meist nicht mehr die ursprüngliche Qualität und enden als Parkbänke oder Lärmschutzwände, sofern sie nicht verbrannt werden. Diese Abwertung wird auch als »Downcycling« bezeichnet. Von »Upcycling« spricht man hingegen, wenn unverbrauchte Komponenten so, wie sie sind, verwendet werden, also wenn aus den wiederverwendeten Elementen ein neues hochwertiges Produkt entsteht. Geeignet sind etwa Schrauben, Stifte, Teile von Motoren oder Motorgehäuse.

Mülltrennung ade?
Zur Wiederverwertung von Siedlungsabfällen war bisher eine möglichst sortenreine Trennung des Abfalls nach Stoffgruppen erforderlich. Neue automatisierte Sortieranlagen können zukünftig auch gemischte Siedlungsabfälle sortenrein trennen.

Problematisch ist die Verunreinigung des Sekundärrohstoffs mit Schadstoffen. Seit 2003 ist es daher grundsätzlich verboten, Fahrzeuge und Bauteile in Verkehr zu bringen, die Schwermetalle wie Cadmium, Quecksilber, Blei und sechswertiges Chrom enthalten. Seit 2006 gilt dies auch für Elektrogeräte.

Trotz aller Fortschritte auf politischer und betrieblicher Ebene kommen in Deutschland pro Jahr noch rund 400 Millionen t Abfall zusammen, davon rund 230 Millionen t Bauabfälle, rund 50 Millionen t Siedlungsabfälle (Hausmüll, Sperrmüll, getrennt gesammelte Abfälle wie Biomüll, Glas, Papier, Straßenkehricht), jeweils etwa 45 Millionen t Abfälle aus Produktion und Gewerbe und Abraum aus dem Bergbau sowie rund 20 Millionen t gefährliche Abfälle (Sonderabfall).

Die älteste Beseitigungsmethode ist die Ablagerung in Deponien. Deponien werden allerdings mit der Zeit undicht, sodass umweltgefährdende Stoffe austreten können. Daher sollen oberirdische Deponien zukünftig nur noch für reaktionsarmen Abfall, etwa Bauschutt oder verbrannte Abfälle, genutzt werden. Seit Mitte 2005 gilt die deutsche Ablagerungsverordnung, nach der Hausmüll, Sperrmüll und Gewerbeabfälle entweder verbrannt oder vor der Deponierung mechanisch-biologisch vorbehandelt werden müssen.

Fast ungiftig?
Durch die hohen Verbrennungstemperaturen werden Abfälle mineralisiert und in Schädlichkeit und Volumen reduziert. Wenn die Abgase die Filter moderner Müllverbrennungsanlagen passiert haben, enthalten sie nur noch in geringen Mengen Schadstoffe – das behaupten zumindest die Betreiber.

Umweltverträglichere Produkte

Abzuschätzen, welche Einflüsse ein Produkt – seine Herstellung und seine Nutzung – auf die Umwelt hat, ist sehr komplex und aufwändig – und im privaten Bereich oft gar nicht möglich. Für Unternehmen, die ein Produkt oder eine Dienstleistung anbieten, ist eine solche Berechnung aber sehr wichtig. Sie hilft Rohstoffe einzusparen, Abfälle und Gefahren zu vermeiden und so die Kosten zu senken und möglicherweise Konkurrenzvorteile zu erzielen. Die bekannteste Methode dazu ist die Ökobilanz. Man kann Ökobilanzen für ein Produkt oder für einzelne Fertigungsprozesse erstellen, aber auch zum Vergleich von Produkten, Verfahren oder Dienstleistungen mit demselben Zweck oder derselben Funktion. Beispiele sind der Vergleich von Verpackungen (Ökobilanz für Produkte) oder von Verwertungswegen für Altöl (Ökobilanz für Verfahrensprozesse).

Hinter der Bilanz eines Produktes steht meist die mit dem Produkt verbundene Dienstleistung, zum Beispiel einmal Händetrocknen mit Papierhandtuch, Stoffhandtuch oder Warmlufttrockner oder der Transport einer Person von A nach B mit unterschiedlichen Verkehrsmitteln.

Die Bilanz umfasst den Herstellungsprozess des Produktes mit dem Bedarf an Energie, Vorprodukten, Rohstoffen und Hilfs- und Betriebsstoffen sowie den dabei entstehenden Emissionen und Abfällen. Dazu kommen alle Prozesse zur Bereitstellung der eingesetzten Energien und Vorprodukte, die Transporte, die eigentliche Nutzung des Produktes und die Entsorgung des Produktes sowie der Produktionsabfälle. Diese Kette wird verfolgt von der »Wiege«, also der Entnahme der Rohstoffe aus der Umwelt, bis zur »Bahre«, wo die Stoffe entsorgt oder abgegeben werden.

Auch Produktdesigner müssen den ganzen Lebensweg einer Ware im Blick haben. Nachhaltige Produkte sollen nicht nur ästhetisch ansprechend und funktional überzeugend sein. Anliegen des Ökodesigns ist es, die Umweltwirkungen eines Produktes in allen Phasen

Einweg oder Mehrweg?
Ein ideologischer Streit lässt sich entschärfen: Laut der Ökobilanz für Getränkeverpackungen des Umweltbundesamts (UBA) haben Mehrwegflaschen, ob aus Kunststoff oder aus Glas, aus Umweltschutzsicht deutliche Vorteile gegenüber Getränkedosen und Einwegflaschen. Getränkekartons haben keine entscheidenden Umweltnachteile gegenüber Mehrwegverpackungen.

des Lebenszyklus bereits über die Gestaltung zu opti-
mieren. Um Rohstoffe und Energie zu sparen und die
Lebensdauer zu erhöhen, werden unter anderem folgende Prinzipien beachtet:

• Material sparende Konstruktion und Verwendung
von recyceltem Material oder nachwachsenden Rohstoffen,

• Energie sparende Technik,

• Langlebigkeit,

• Vermeidung von modischem Verschleiß (zeitlose Gestaltung),

• Verringerung umweltschädigender Emissionen bei
Gebrauch und Entsorgung.

Der deutsche Chemiker und
Umwelttechniker Michael Braungart hat noch radikalere Vorstel-
lungen, wie die Produkte der Zukunft gestaltet sein müssen. Eine
Optimierung nach dem Kriteri-
um der Effizienz lehnt er ab: Es
könne nicht das Ziel sein, die
Welt mit den gleichen Methoden
und Techniken lediglich etwas weniger und etwas
langsamer zu zerstören. Echter Umweltschutz müsse
mit der Natur zusammenarbeiten. Und das sei möglich, wenn die Industrie Produkte herstelle, die in Einklang mit den natürlichen Stoffströmen stehen. Er
schlägt daher vor, in zwei getrennten Kreisläufen zu
produzieren: in einem biologischen, der keine oder positive Einflüsse auf die Natur hat, und einem technischen, in dem umweltschädliche Stoffe in geschlossenen Systemen geführt werden. So sollte es nur noch
zwei Arten von Produkten geben, nämlich Verbrauchs-
güter, die bedenkenlos weggeworfen werden können,
da sie biologisch abbaubar sind, und Gebrauchsgüter,
die sich ohne Qualitätsverlust endlos wiederverwerten
lassen. Gefährliche Chemikalien dürften überhaupt
nicht mehr verwendet werden oder zumindest nicht in
die Naturkreisläufe gelangen.

Als Beispiele führt er kompostierbare Polsterbezüge

**Ökodesignte Werk-
materialien**
Sie sehen nicht danach
aus, sind aber ein Pro-
dukt des Ökodesigns.
Bei den kunstharzgebun-
denen Schleifscheiben
soll in einem Forschungs-
projekt der Deutschen
Bundesstiftung Umwelt
das gesundheitsbelas-
tende Trägermaterial
Glasfaser durch nach-
wachsende Naturfasern
wie Flachs oder Sisal
ersetzt werden.

an, Schuhsohlen, deren Abrieb nicht giftig ist, sowie Autos, die nur Wasser emittieren und nach einer definierten Nutzungszeit an den Produzenten zurückgehen, der alle Komponenten bei gleichbleibendem Nutzen erneut verwendet.

Hier verschiebt sich der Blick von der Menge der Stoffe auf ihre Qualität; darauf, wie sie möglichst wenig Schaden bei möglichst großem Nutzen anrichten. Die Verringerung der Eingriffe in die Umwelt und die Erfindung neuer Materialien sind eine Herausforderung an die Technik. Hier ist Braungart optimistisch: »Wir stehen heute vor der Einführung neuer (synthetischer) Materialien, die leichter, stabiler und sauberer als bisher bekannte Stoffe sind und diese schlichtweg überflüssig machen.«

Wenn sich diese Einschätzung bestätigen sollte, wäre es möglich, die Entwicklung in den aufstrebenden Schwellenländern so zu gestalten, dass die Fehler der altindustrialisierten Länder vermieden werden – mit modernen Technologien statt mit fossilen.

Düngen mit Sitzmöbeln
Auch Polsterbezüge von Bürostühlen und Möbeln können zu 100 % kompostiert werden. Der Bezugstoff »Climatex Lifecycle« der Firma Rohner kann problemlos in den Stoffkreislauf der Natur eingegliedert werden. Einer der wichtigsten Bestandteile ist Ramie, eine Bastfaser. Das Gewebe ist komplett biologisch abbaubar, Webabfälle finden als Polstervlies oder Gartenmulch Verwendung.

Unternehmensverantwortung
Von Unternehmen wird heute erwartet, mehr ökologische und soziale Verantwortung zu übernehmen. So fordert die Europäische Union, dass Unternehmen nicht nur gesetzliche Bestimmungen einhalten; sie sollen auch mehr investieren: in Humankapital, in die Umwelt, in Beziehungen zu anderen Interessenvertretern (Stakeholdern).
Das neue Leitbild gesellschaftlicher Verantwortung für Unternehmen etabliert sich seit einigen Jahren unter dem Begriff »Corporate Social Responsibility« (CSR). Es dient Unternehmen als Grundlage, auf freiwilliger Basis soziale Belange und Umweltbelange in ihre Unternehmenstätigkeit und in die Wechselbeziehungen mit den Stakeholdern zu integrieren. In so genannten Nachhaltigkeitsberichten stellen viele Unternehmen ihre Aktivitäten in diesem Bereich dar.

Nachwachsende Rohstoffe

Eine große Zahl von Pflanzenarten dient den Menschen seit Urzeiten als Rohstoff- und Energiequelle. Nachdem sie von Erdöl und Erdgas seit Mitte des vorigen Jahrhunderts beinahe völlig verdrängt wurden, erfahren nachwachsende Rohstoffe heute zunehmendes Interesse.

Der größte Teil der pflanzlichen Rohstoffe, vor allem Holz, Raps und Gräser, dienen als Brenn- und Treibstoffe. Doch gibt es noch viele weitere Verwendungsmöglichkeiten. Neben Zucker und Stärke enthalten viele Pflanzen industriell verwertbare Gerüst- und Speicherstoffe und bioaktive Substanzen. Zunehmend kommen stärkebasierte Biokunststoffe etwa für Verpackungen und Einweggeschirr auf den Markt. Auch Naturfasern haben ihre Märkte gefunden: Dämmstoffe aus Hanf, Flachs, Kokos und Kork ersetzen erfolgreich die synthetischen Produkte aus Polystyrol-Hartschaum und Polyurethan; naturfaserverstärkte Verbundwerkstoffe finden statt Glasfasern ihren Weg in Autos und eignen sich als Gehäuse von Bildschirmen, Fernsehern oder Mobiltelefonen.

Groß ist die Auswahl im häuslichen Bereich: Hochwertiges Linoleum aus Leinöl, Korkschrot und Erdpigmenten ist deutlich unschädlicher (und teurer) als Bodenbeläge aus PVC; eine große Auswahl von Wandfarben, Lacken und Holzlasuren basiert auf rein pflanzlichen Bindemitteln; in Wasch- und Reinigungsmitteln verdrängen Pflanzenseifen, Zuckertenside und biogene Emulgatoren die Tenside auf Erdölbasis. Die Chemiebranche schwärmt für »grüne Raffinerien«, in denen aus fast beliebiger Biomasse einfache (Grund-) Chemikalien gewonnen werden.

Nachwachsende Rohstoffe haben zwei entscheidende Vorteile: Sie schonen die begrenzten Reserven an fossilen Rohstoffen und sie emittieren bei einer Verbrennung nur so viel CO_2, wie die Pflanzen zuvor der Atmosphäre entnommen haben. Doch hinsichtlich der Gesamtbilanz muss jeder Rohstoff und jede Nutzung im Einzelnen betrachtet werden. Die ökologische Be-

Öko-Plastik aus Holz und Hanf
Sieht aus wie das ganz normale Gehäuse einer Lautsprecherbox – ist aber aus biologisch abbaubarem Öko-Plastik auf Basis von Pflanzenfasern und Lignin, welches bei Pflanzen für die Holzbildung sorgt.

Alkohol im Tank
Aus verschiedenen Pflanzen, die Zucker oder Stärke enthalten, lässt sich Ethanol als Treibstoff für Fahrzeuge herstellen. Wird der Alkohol aus Pflanzenresten hergestellt, ist die Bilanz ausschließlich positiv. Anders verhält es sich, wenn die Planzen großflächig und intensiv eigens erzeugt werden müssen.

wertung ist keineswegs automatisch positiv. Es kommt zum einen auf das Produkt an, das daraus hergestellt wird, zum andern darauf, wie die Rohstoffpflanzen erzeugt werden. In der Regel verbraucht der Anbau der Rohstoffe Energie für die Landmaschinen und belastet die Umwelt durch Dünger und Pflanzenschutzmaßnahmen. Betrachtet man das Beispiel Kleidung, so ist Baumwolle keineswegs umweltfreundlich (vgl. S. 114 f.). Der Anbau nachwachsender Rohstoffe verdrängt mitunter unberührte Flächen oder andere Nutzungen des Bodens, etwa für die Lebensmittelversorgung. Viele Plantagen für das in zahlreichen Produkten verwendete Palmöl (»Pflanzenöl«) stehen auf zuvor von tropischen Regenwäldern bewachsenen Flächen.

Grüne Chemie und Weiße Biotechnologie

Seit einigen Jahren wird im englischen Sprachraum der Begriff »green chemistry« als Synonym für eine umweltfreundliche Chemie benutzt. Die grüne Chemie hat zum Ziel, ein gewünschtes Produkt ohne Nebenprodukte und mit möglichst geringem Energieaufwand herzustellen. Wo immer technisch oder ökonomisch durchführbar, sollten eingesetzte Rohmaterialien aus erneuerbaren Quellen stammen. Doch noch ist die Grüne Chemie nicht mehr als ein grünes Mäntelchen der Chemieindustrie.

Eine Möglichkeit, Chemie umweltfreundlicher zu machen, besteht beispielsweise darin, »biologische Schritte« (etwa enzymatische Prozesse) in eine chemische Synthese oder einen chemischen Prozess einzubauen. Aufwändige chemische Synthesen sollen so auf wenige Syntheseschritte reduziert, unerwünschte Nebenprodukte sollen vermieden werden. Hier kommt die so genannte Weiße Biotechnologie zum Zuge. Sie hat, einfach gesagt, zum Ziel, Produkte mit biotechnischen statt mit chemischen Verfahren herzustellen. Was vor hunderten Jahren in Bäckereien, Gerbereien und Brauereien begann, wird heute als industrielle Biotechnologie weiterentwickelt und geht sehr häufig einher mit einer gentechnischen Manipulation der Organismen. Die Weiße Biotechnologie verwendet Gewebe, Zellen oder Teile daraus zum Auf-, Um- oder Abbau von Stoffen in technischen Prozessen. Dazu

Ex und hopp mit gutem Gewissen
Biologisch abbaubare Werkstoffe (BAW) können dort herkömmliche Kunststoffe ersetzen, wo keine lange Lebensdauer erforderlich ist – als Verpackungsmaterial, Jogurtbecher, Einwegbesteck, Mulchfolie oder Blumentopf. Sie haben die gleichen Verarbeitungs- und Anwendungseigenschaften wie herkömmliche Polymere, werden aber in der Natur oder in Kompostieranlagen abgebaut (sofern die getrennte Erfassung der Abfälle funktioniert).

Dabei ist unerheblich, ob BAW aus fossilen oder nachwachsenden Rohstoffen hergestellt werden. Ökologisch am günstigsten ist ihre Gewinnung aus organischen Abfällen wie Molke, Hühnerfedern, Krabbenschalen oder Pflanzenresten.

Zukunftsbranche Biotechnologie

In diesem Fermentationsreaktor werden maßgeschneiderte und umweltfreundliche Biokatalysatoren, zum Beispiel Enzyme, produziert. Die weiße Biotechnologie wird durch die Deutsche Bundesstiftung Umwelt gefördert.

gehören Enzyme, Biokatalysatoren oder Biopolymere. Ein Beispiel für die Anwendung bietet die Waschmittelindustrie: Waschaktive Enzyme senken die Waschtemperatur und bleichen beispielsweise Jeansstoffe chemiefrei.

Wie bei jeder anderen Biotechnologie auch bestehen allerdings hohe Risiken: Wenn gentechnisch veränderte Organismen in die Umwelt gelangen (und das ist nie auszuschließen), besteht die Gefahr, dass sie sich vermehren oder sich mit anderen Organismen kreuzen. Wie sich diese Lebewesen außerhalb der Labore oder technischen Anlagen verhalten, ist weder vorhersehbar noch kontrollierbar.

Bionik

Auch die Bionik trachtet danach, der Natur ihre Geheimnisse abzuschauen und sie für den Menschen nutzbar zu machen. Tiere und Pflanzen haben in Millionen von Jahren zahlreiche Problemlösungen entwickelt, die Naturwissenschaftler und Ingenieure noch vor große Herausforderungen stellen. Hierzu zählen unter anderem robuste Materialverbünde, funktionale

Bau- und Wohnweisen, perfekte Informations- und Kommunikationssysteme oder hochempfindliche Wahrnehmungssensoren.

Die Natur erreicht ihre Ziele ökonomisch mit einem Minimum an Energie und führt ihre Abfälle immer vollständig in den natürlichen Kreislauf zurück. Diesen Erfahrungsschatz der belebten Natur und das sich daraus ergebende hohe Innovationspotenzial kann sich der Mensch nutzbar machen. In Verbindung mit Physik und Chemie entwickelt sich daraus eine völlig neue Werkstoffindustrie.

Der Traumstoff der Bioniker ist die Spinnenseide. Sie ist (wenn man den Durchmesser berücksichtigt) fester als Stahlseile, dehnbarer als Nylon und wasserfest. Könnte man sie in großem Stil herstellen, würde sie der Industrie ungeahnte Möglichkeiten schaffen: vom wasserdichten Seidenhemd über biologisch abbaubare Angelschnüre bis zum Drahtseilersatz bei Hängebrücken. Deshalb sind Biotechnologen seit einiger Zeit darum bemüht, hinter das Geheimnis der Spinnenseide zu kommen.

Aus der marinen Bionik stammt die Idee der Riblet-Folien: Bei schnell schwimmenden Haien besteht die Hautoberfläche aus kleinen, dicht aneinander liegenden Schuppen. Auf diesen Schuppen befinden sich scharfkantige feine Rillen, die parallel

Die Natur als Vorbild
Das Motto der Bionik – der Begriff ist eine Kombination der Begriffe Biologie und Technik – lautet »Lernen von der Natur«. Bekanntestes Beispiel ist der Lotus-Effekt. Nach dem Vorbild der selbstreinigenden mikrostrukturierten Oberfläche von Lotusblättern lassen sich schmutzabweisende Werkstoffe herstellen.

zur Strömung ausgerichtet sind. Diese mikroskopisch kleinen Rillen vermindern den Reibungswiderstand. Dieser widerstandsvermindernde Effekt ist in allen turbulenten Strömungen, also auch in der Luft, wirksam. Flugzeuge könnten mit einer speziellen Folie beklebt werden, die auf ihrer Oberseite über eine sehr ähnliche Struktur verfügt und so den Luftwiderstand senkt.

Im Gegensatz zu der sich andeutenden Entwicklung der Nanotechnologie sehen die meisten anderen heutigen Innovationen blass aus. Nanotechnologie bedeutet, auf der Nanoebene (von griechisch *nanos*, der Zwerg), also auf der Ebene von Molekülen und Atomen, zu arbeiten.

Nanotechnologie ist ein Oberbegriff für unterschiedlichste Arten der Analyse und Bearbeitung von Materialien, denen eines gemeinsam ist: Ihre Größendimension beträgt ein bis einhundert Nanometer (ein Nanometer ist ein millionstel Millimeter, ungefähr zweitausendmal dünner als ein Haar). In dieser Größenordnung hängen die mechanischen, optischen, magnetischen, elektrischen und chemischen Eigenschaften von Materialien nicht mehr allein von der Art des Ausgangsmaterials ab, sondern in besonderer Weise von ihrer Größe und Gestalt. Die chemischen Stoffe sind auf dieser Größe nicht mehr vergleichbar mit denen in dem uns bekannten Periodensystem der Elemente. Auf dieser Ebene lassen sich Atome zu maßgeschneiderten Partikeln zusammenfügen. Je nach Größe und Form erhalten sie völlig neue Eigenschaften.

Die winzigen Nanopartikel gelten als Bausteine für die Werk- und Wirkstoffe der Zukunft. Mit dem Rastertunnelmikroskop haben Forscher ein wichtiges Werkzeug dieser Nano-Zukunft erfunden. Sie können mit ihm gezielt einzelne Atome und Moleküle bewegen und zu maßgeschneiderten Partikeln zusammenfügen. Dies ermöglicht die Produktion von schnelleren Computerchips, effizienten Batterien, hauchdünnen Beschichtungen oder neuen leichten und stabilen Werkstoffen. Den Arzneimittelherstellern schweben Heilmittel vor, bei denen Nanopartikel Wirkstoffe gezielt an den gewünschten Ort im Organismus transportieren. Die Medizin träumt von winzigen Molekularmaschinen, die im Körper selbst Diagnosen erstellen und anschließend operieren.

Auch in den Bereichen Umweltschutz und Landwirtschaft sind die Heilsversprechen groß: Nach Tankerhavarien sollen Ölteppiche auf dem Meer aufgelöst werden. Wasser-Filter mit Nanopartikeln könnten Trinkwasser aus verschmutztem Grundwasser, verdreckten Tümpeln oder dem Meer gewinnen. Nanobiosensoren sollen den Boden untersuchen, die Zusammensetzung analysieren und Informationen liefern, wie er optimal bearbeitet oder entgiftet werden kann. Denkbar sind zudem photovoltaische Fenster, die aus Sonnenlicht Energie gewinnen.

Vieles, was im Nanobereich denkbar ist, können die Wissenschaftler heute schon am Computer simulieren und berechnen. So scheinen auch Nanogetriebe machbar zu sein. Und diese prinzipielle Machbarkeit einer völlig neuen Technologie ist es, die die Fantasie der Wissenschaftler anheizt. Bisher stehen die Verfahrenstechniken, mit denen man diese Utopien auch nur ansatzweise realisieren kann, noch ganz am Anfang. Aber weltweit stellen sich Forschungseinrichtungen und -ministerien mehr und mehr auf diese Technologie ein.

Die großen Gefahren der Nanotechnologie für die menschliche Gesundheit, die Umwelt und die Gesellschaft deuten sich bereits an. Wohl nie zuvor waren Risiken und Chancen einer Technologie so eng miteinander verknüpft, denn es sind die gleichen Eigenschaften, die die Nanopartikel wertvoll wie auch gefährlich machen: Auf der Nanoebene verändern Chemikalien ihre Eigenschaften. Durch ihr großes Oberfläche-Volumen-Verhältnis sind sie chemisch und physikalisch deutlich reaktiver als größere Teilchen.

Es wird vermutet, dass die Nanopartikel über die Haut in den Körper eindringen, in Körperzellen schlüpfen und die Blut-Hirn-Schranke passieren können. Was sie dort anrichten, weiß man nicht. Sie verhalten sich völlig anders als bisher bekannte Chemikalien. Von feinen und ultrafeinen Stäuben aus Verbrennungsprozessen weiß man, dass sie bei Menschen gesundheitliche Schäden hervorrufen. Gegen größere Staubpartikel hat der Körper Abwehrmechanismen entwickelt, gegen kleinere Partikel gibt es sie nicht.

Bereits über 500 Produkte, die Nanopartikel enthalten, sind auf dem Markt. Darunter Kunststoffe, Klebstoffe, Farben, Reinigungsmittel und viele Kosmetikprodukte.

Besondere Sorgen bereitet den Kritikern das neue Lieblingsmaterial der Nanoforscher – winzige Röhrchen aus Kohlenstoff, so genannte Nanotubes. Sie sind stärker als Stahl, dabei aber bedeutend leichter. Sie leiten Elektrizität und können auch als Halbleiter dienen. Das Material könnte aber auch für künstliche Knochenimplantate und Gelenke verwendet werden. »Doch was passiert, wenn dieses Material in die Umwelt gelangt?«, fragt die Nord-Süd-Wissenschaftlervereinigung ETC Group und erinnert an die Schädigungen durch Asbest: »Kohlenstoff-Nanotubes gleichen den Asbestfasern in ihrer Form.« Vor allem beunruhigen deren Leiter Pat Mooney die Pläne, »lebende Maschinen« zu schaffen, »also Mischwesen aus lebendem und leblosem Material, die sich selbst vervielfältigen können.« Wie einige andere fordert die Organisation daher einen Stopp der Nanoforschung, da nationale und internationale Kontrollinstanzen und Gesetzgeber aufgrund der enormen Geschwindigkeit der Forschungen den wissenschaftlichen Entwicklungen der Nanotechnologie weit hinterherhinken und es weltweit keine Richtlinien gibt, die sich mit den Gesundheits- und Umweltrisiken der Nanotechnologie beschäftigen.

Energie: Treibstoff der Gesellschaft

Der Mensch beherrscht das Feuer – eine der wichtigsten Fähigkeiten, die ihn vom Tier unterscheiden. Das Feuer hat dem Menschen Licht und Wärme gebracht, Speisen genießbar und verdaulich gemacht, Ton gehärtet, Erz geschmolzen und krankheitserregende Abfälle vernichtet.

Was unseren Ahnen das Feuer war, ist für uns heute Energie. Energie kommt in verschiedenen Formen vor: als Bewegungsenergie, Wärme- und Lichtenergie (Strahlungsenergie), elektrische, chemische und Kernenergie. Allgemein gilt, dass Energie nicht vernichtet und nicht neu geschaffen werden kann. Man kann lediglich die eine Energieform in die andere umwandeln. Und dies zu beherrschen, hat den heutigen Menschen noch ungleich mächtiger gemacht.

Feuerholz – der erste Energieträger
Auch wer im gehölzarmen Wüstenrandbereich lebt – hier Tuareg in der Sahelzone –, ist auf Holz als Brenn- und Baumaterial angewiesen.

Stoffe, die Energie gespeichert haben und diese bei ihrer Nutzung wieder freisetzen können, werden Energieträger genannt. Man unterscheidet zunächst zwischen Primär- und Sekundärenergie. Primärenergieträger sind Energierohstoffe und Energiequellen, die für viele Anwendungen technisch umgewandelt werden müssen, wie Erdöl, Erdgas, Kohle, Holz, Uran, Biomasse, Windkraft, Sonnenenergie und Erdwärme.

Durch Umwandlung aus Primärenergie entsteht Sekundärenergie, die direkt genutzt werden kann, etwa Koks, Briketts, Heizöl, Benzin, Strom oder Fernwärme. Bei der Umwandlung geht ein Teil der Energie ungenutzt verloren. So wird beispielsweise für die Erzeugung einer Energieeinheit (Kilowattstunde) elektrischen Stroms die dreifache Menge Kohle oder Erdöl verbraucht. Aus der Sekundärenergie Strom wird daraufhin beispielsweise die Nutzenergie Licht. Konventionelle Glühbirnen setzen nur etwa 5 % des Stroms in Licht um. Das heißt, als Licht werden nur rund 2 % der ursprünglichen Primärenergie genutzt – der Rest verpufft als Wärme.

Weltenergiegewinnung nach Energieträgern

Erdöl	34,4 %
Kohle	24,4 %
Erdgas	21,2 %
Biomasse	10,8 %
Atomkraft	6,5 %
Wasserkraft	2,2 %
sonstige: Solarenergie, Windkraft, Geothermie etc.	0,5 %

Der Weltenergieverbrauch deckt sich zu 80 % aus nur begrenzt verfügbaren fossilen und gut 13 % aus erneuerbareren Energieträgern sowie zu knapp 7 % aus Atomkraft. Moderne erneuerbare Energien wie Solarenergie, Windkraft oder Geothermie machen weniger als ein halbes Prozent der weltweiten Primärenergie aus (Stand 2003).

Weltprimärenergieverbrauch

OECD-Staaten	50,9 %
Übriges Europa	1,0 %
Mittlerer Osten	4,2 %
Ehem. UdSSR	9,1 %
China	13,5 %
Übrige asiatische Länder	11,6 %
Lateinamerika	4,4 %
Afrika	5,3 %

2003 wurden weltweit 10.579 Millionen Tonnen Rohöl-Äquivalent (toe) verbraucht (1 toe ist die Heizenergiemenge, die in 1 t Rohöl steckt). Das Maximum des weltweiten Energieverbrauches ist noch lange nicht erreicht. Vor allem in China und anderen Schwellenländern geht das rasante Wirtschaftswachstum mit einem rapide ansteigenden Energieverbrauch einher. Schätzungen zufolge kann es bis zum Jahr 2050 zu einer Verdreifachung kommen. Eine Energiemenge, die bei dem heutigen Energiemix mit dem hohen Anteil fossiler Energieträger ökologisch in eine Katastrophe mündet.

Fossile Energieträger

Die meisten der bisher vom Menschen genutzten Energieträger sind nichts anderes als gespeicherte Sonnenenergie. Fossile Energieträger sind in vielen Millionen Jahren aus abgestorbener Biomasse unter dem hohen Druck darauf lastender Gesteinsablagerungen entstanden: Kohle aus versunkenen Wäldern, Erdöl und Erdgas durch Zersetzung von Kleinstlebewesen ehemaliger Meere. Diese Energieträger gehören zu den nichterneuerbaren Quellen: Nach ihrer Verbrennung stehen sie nicht mehr zur Verfügung. Schätzungen gehen davon aus, dass Erdgas-Vorkommen noch rund ein Jahrhundert reichen werden, Kohle noch einige Jahrhunderte, Erdöl jedoch allenfalls noch 50 Jahre. Die Ölindustrie zeigt sich weiterhin betont optimistisch, neue Förderquellen zu finden. Zugleich deutet vieles darauf hin, dass das Produktionsmaximum bereits erreicht, wenn nicht überschritten ist. Während die Ölkonzerne stillschweigend die Fördermengen reduzieren oder offensiv ihr Image ändern – wie BP von »British Petroleum« in »Beyond Petrol« (jenseits von Öl) –, bauen sie neue Geschäftsfelder auf: BP ist heute einer der größten Produzenten von Solarzellen und bietet Strom aus erneuerbaren Quellen an; Shell hat den Kerngeschäftsbereich »Shell Renewables« (Erneuerbare Energien) eingerichtet.

Erdöl ist nach wie vor der wichtigste Energielieferant weltweit. Um weitere Vorkommen zu erschließen, dringt die Ölindustrie in immer entlegenere und sensiblere Gebiete vor, etwa in die arktischen Meere, die Regionen vor der westafrikanischen Küste oder die Regenwälder Südamerikas. Auf Umwelt, Klima und die Menschen, die in den betroffenen Gebieten leben, wird in den seltensten Fällen Rücksicht genommen.

Umweltschützer und Menschenrechtler beklagen gravierende Probleme in den Ölfördergebieten: von der Verseuchung der Böden und Gewässer, der Rodung der Wälder und eingeschleppten Krankheiten bis hin zu mangelhafter Beteiligung an den Gewinnen der Ölförderung und brutaler Gewalt gegen Ureinwohner.

CO_2-Emissionen fossiler Energieträger

Bei der Verbrennung fossiler Energieträger gelangt eine Vielzahl an Schadstoffen in die Luft. Sie sind wie Ruß, Staub oder Benzol gesundheitsschädlich, fördern wie Kohlenwasserstoffe oder Kohlenmonoxid die Bildung von bodennahem Ozon, schädigen wie Stickoxide oder Schwefeldioxid den Wald, tragen zur Versauerung der Gewässer und Böden bei oder wirken wie Kohlendioxid als Treibhausgas.

Braunkohle	0,40
Steinkohle	0,33
Erdöl	0,29
Erdgas	0,19

(in kg CO_2/kWh Heizwert)

Hinzu kommen Belastungen der Meere durch Ölteppiche aus verunglückten Tankern und von Bohrplattformen ins Meer eingeleitete, mit Erdöl und Chemikalien belastete Abwässer, Schlämme und Bohrgestein.

Der zweitwichtigste Energieträger ist Kohle. Etwa die Hälfte des derzeitigen Strombedarfes in Deutschland wird durch Kohle gedeckt. Steinkohle und Braunkohle sind dabei in etwa gleich stark vertreten. Ein beträchtlicher Teil wird als Koks in der Eisenindustrie verwendet.

Weltweit wird Kohle immer wichtiger. Braunkohle ist reichlich vorhanden und breiter verteilt als Öl, sodass auch arme Länder Zugriff haben. Schwellenlän-

Ölförderung
Bei der Förderung von Erdöl wird wenig Rücksicht auf die Umwelt und die Gesundheit der Einwohner genommen. Es fallen mit Schwermetallen und giftigen Salzen verseuchte Bohrschlämme, Spül- und Formationswässer an, die in offene Sickergruben oder Flüsse abgeleitet werden. Aus Leckagen austretendes Öl verseucht Böden und Gewässer, macht Ackerflächen unbrauchbar, das Trinkwasser ungenießbar und tötet Fischbestände und andere Lebewesen. Hier säubern Arbeiter ohne Schutzkleidung eine offene Grube, in die seit 25 Jahren Abwässer aus der Ölförderung geleitet werden. Das Bild entstand im ecuadorianischen Amazonasgebiet.

Riesige Mondland-schaften

Selten sind Umweltaus-wirkungen so sichtbar wie bei der Förderung von Braunkohle: Riesige Bagger fressen sich durch Wälder, Wiesen und Äcker; sogar durch ganze Dörfer. Um an die Kohle zu gelangen, muss etwa die fünffache Menge Boden, Sand und Gestein bewegt werden. Zurück bleiben Löcher von bis zu einem halben Kilometer Tiefe. Bereits 230.000 ha Land sind in Deutschland unter die Schaufelradbagger gera-ten – viermal die Fläche des Bodensees, darun-ter mehr als 50 Dörfer.

der wie China, Indien oder Brasilien bauen bei ihrem Sprung in die Industrialisierung auf Braunkohle. Aus Sicht des Klimas ist Kohle sehr problematisch: Bei ih-rer Verbrennung wird die größte Menge klimaschädli-chen Kohlendioxids pro Energieeinheit frei. Selbst das modernste mit Braunkohle betriebene Kraftwerk stößt im Vergleich zu Gaskraftwerken doppelt so viel CO_2 aus. Große Probleme bereiten auch die enormen Schwefeldioxid-Emissionen.

Die USA erforschen derzeit eine saubere und klima-neutrale Kohlenutzung durch ein revolutionäres Kohle-kraftwerk. Dieses soll nicht nur Strom und Wärme er-zeugen, sondern auch Wasserstoff oder synthetische Kraftstoffe. Übriges Kohlendioxid soll abgeschieden, unterirdisch deponiert oder biologisch gebunden wer-den (ein weiteres großes Forschungsprogramm). Das Ziel ist ein völlig emissionsfreies Kohlekraftwerk.

Die Nummer drei der fossilen Brennstoffe ist das Erdgas. Es gilt als der umweltschonendste aller fossilen Energieträger. Im Jahre 2003 wurden etwa 47 % aller deutschen Wohnungen mit Erdgas beheizt. Bei seiner Verbrennung entstehen – im Unterschied zu Heizöl,

Kohle und Holz – vergleichsweise geringe Emissionen von CO_2, Ruß, Schwefel und Staub. Erdgas wird in unterirdischen Rohrleitungen transportiert, wodurch Umweltbelastungen durch Schwerverkehr und Tanker- unfälle vermieden werden.

Atomkraft

Bei der Kernspaltung von Uran und Plutonium entste- hen große Mengen Wärmeenergie. Die ebenfalls dabei frei werdenden Neutronen lösen neue Kernspaltungen aus (Kettenreaktion). Die dabei entstehenden Spaltpro- dukte sind radioaktiv und zerfallen unter Aussendung von Alpha-, Beta- und Gammastrahlung (Radioakti- vität). Bei der Kernspaltung von 1 g Uran-235 wird die- selbe Energie frei wie bei der Verbrennung von 3 t Steinkohle.

2001 waren weltweit 440 kommerzielle Reaktoren am Netz, davon ein Viertel in den USA und ein Drittel in Europa. Der vorherrschende Atomkraftwerkstyp ist der Leichtwasserreaktor. Die Kernspaltung läuft im Kernreaktor des Kraftwerks ab, der aus Sicherheits- gründen in der Regel von einem Sicherheitsbehälter und einer Stahlbetonkuppel umgeben ist. Das Wasser, das die Brennelemente umströmt, erfüllt eine Doppel- funktion. Als Kühlmittel leitet es die Kernspaltungs- energie aus dem Reaktorkern hinaus und über Wärme- tauscher auf Generatorturbinen. Als Moderator brem- sen die Wassermoleküle die schnellen Neutronen ab, die bei der Spaltung der Uranatome entstehen.

Auch im störungsfreien Normalbetrieb gibt ein Kernkraftwerk ständig radioaktive Substanzen an Luft und Wasser ab, die sich in der Umwelt anreichern. Das Hauptrisiko liegt allerdings in der Möglichkeit großer Unfälle, verursacht durch technische Pannen, mensch- liches Versagen, Erdbeben, Flugzeugabstürze, Sabota- ge oder Kriegseinwirkung, die mit unvorstellbar dra- matischen Folgen für den Menschen und die gesamte Umwelt verbunden sein können. Ungeklärt ist nach wie vor die Frage, wie und wo die hochradioaktiven Ab- fälle über tausende Jahre sicher von der Umwelt iso-

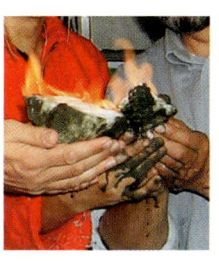

Brennendes Eis – Energie aus dem Meer? Methanhydrate stellen den größten Kohlen- stoffspeicher der Welt dar. Interessant ist die feste Verbindung aus Wasser und Methan für Energieversorger, denn das darin gespeicherte Methan ist ein hochwer- tiger Energieträger. Der Abbau ist allerdings schwierig, denn Methan- hydrat stabilisiert den Meeresboden an den Kontinentalhängen und zerfällt in höheren Was- serschichten und an der Luft, da die eisähnliche Substanz nur bei tiefen Temperaturen und ho- hem Druck stabil ist.

Ausstieg in kleinen Schritten

Das deutsche Gesetz zum Atomausstieg sieht keine festen Endtermine für die Kraftwerke vor. Vielmehr dürfen die einzelnen Kraftwerke jeweils noch eine genau festgelegte Anzahl von Kilowattstunden Strom erzeugen. Wenn man ihren ungestörten Betrieb zugrunde legt, sie also weiterhin »rund um die Uhr« betrieben werden, wird das Kernkraftwerk Neckarwestheim II als das modernste und letzte 2022 vom Netz gehen. Nach dem Gesetz dürfen aber Kilowattstunden von einer (älteren) auf eine andere (neuere) Anlage übertragen werden. Unterstellt man, dass davon Gebrauch gemacht wird, könnte es 2025 werden.

liert werden können. Weltweit gibt es noch kein Endlager für verbrauchte Brennelemente.

Der Ausbau der Atomenergie ist daher in den meisten Industrieländern zum Stillstand gekommen. Dennoch ist eine Renaissance der Atomkraft denkbar, wenn sich das Argument durchsetzen sollte, der nahezu CO_2-freie Atomstrom trage zum Klimaschutz bei.

Sonnenenergie

Die Sonne strahlt jährlich die unvorstellbare Energiemenge von 1.500 Gigawattstunden auf die Erde. Was liegt also näher, als dieses unerschöpfliche Energiereservoir zu nutzen? Die nächstliegende und zugleich sehr wirkungsvolle Form ist die Solarthermie. Warmwasserkollektoren, wie wir sie auch aus unseren Breiten kennen, nutzen die Sonne, um Wasser zu erwärmen und dieses dann für Heizung und Warmwasser bereitzustellen. Durch eine Vielzahl sehr dünner Kupferrohre wird unter einer Glasplatte kaltes Wasser geleitet und dabei erwärmt.

In sonnenbegünstigten Regionen der Erde bieten solarthermische Kraftwerke ein riesiges Potenzial für die Produktion von Elektrizität, Kälte oder industriellem Prozessdampf. Lediglich 1 % der Fläche der Sahara würde ausreichen, um den Elektrizitätsbedarf der Welt zu decken. Zur solarthermischen Stromerzeugung

Die Kraft der Wüste
Die wirtschaftlichsten Solarkraftwerke bestehen aus zahlreichen Parabolrinnen oder Brennspiegeln. Das Sonnenlicht wird im Kollektor gespiegelt und auf ein Absorberrohr gebündelt. Das darin enthaltene Thermo-Öl erhitzt sich auf bis zu 400 °C. In einem Wärmeaustauscher erzeugt diese Energie dann in einer Turbine Strom. Die bekannte Anlage in der kalifornischen Mojave-Wüste versorgt 150.000 Menschen mit Strom.

wird Sonnenstrahlung mit konzentrischen Spiegeln gebündelt und in thermische Energie umgesetzt. Die so entstehenden hohen Temperaturen werden für den Antrieb gewöhnlicher Dampf- und Gasturbinen oder Stirlingmotoren verwendet. Im Idealfall kann bis zu 85 % der Strahlung in Nutzenergie umgesetzt werden.

Als Schlüsseltechnologie zur Stromversorgung abgelegener Gebäude oder Siedlungen, vor allem in Entwicklungsländern, gilt die Photovoltaik, die Stromerzeugung aus Sonnenlicht. Dort, wo keine Stromleitungen liegen, sind dezentrale Photovoltaikanlagen auch wirtschaftlich die beste Lösung. Bei dieser Technologie wird in Solarzellen Sonnenlicht (Photonen) direkt in elektrische Energie umgewandelt.

Fassadenschmuck
Ein thermischer Solarkollektor (Vakuumröhrenkollektor), der aufwändig, aber eindrucksvoll an einer Fassade installiert wurde.

Die Zellen bestehen aus mehreren Schichten verschiedener halbleitender Materialien (vor allem Silizium). Die auf dem Markt befindlichen Solarzellen haben einen Wirkungsgrad von 15–18 %, im Labor werden bereits über 25 % er-

Millionen kleine Kraftwerke

In dezentralen Energiesystemen liegt die Zukunft für Millionen Menschen, die bisher keinen Zugang zu Strom haben. So lässt sich mit aufgeladenen Photovoltaik-Akkus ein Klassenzimmer beleuchten oder, wie das Bild zeigt, dank Photovoltaikpumpen Wasser fördern.

reicht. Die Herstellung der Zellen aus Quarzsand ist sehr energieaufwändig. Gegenwärtige Solarzellen müssen etwa drei Jahre Strom produzieren, bis sie sich energetisch amortisiert haben, was sich aber bei einer Lebensdauer von 20–25 Jahren durchaus rechnet.

Solarzellen können zu Modulen beliebiger Leistung zusammengeschlossen werden. In Kleingeräten wie Uhren oder in Kombination mit Akkus in Lampen, Pumpen, Verkehrssignalen und anderem sind sie bereits heute allgegenwärtig. Das »100.000-Dächer Programm« der deutschen Bundesregierung hat nach 1999 die Zahl der auf Häusern installierten Solarzellen stark ansteigen lassen. Bei der Produktion ist Deutschland weltweit führend – neben Japan und den USA.

Geschickt integriert

Großflächige Photovoltaik-Anlagen lassen sich dank transparenter Solarzellen zur Fassadengestaltung nutzen. Hier ein Parkhaus in Ravensburg. Der gebäudeintegrierten Photovoltaik wird für die nahe Zukunft eine große Verbreitung vorausgesagt.

Windkraft

Das Potenzial der Windkraft wird seit Jahrhunderten genutzt. Seit dem Mittelalter stellte die Windmühle neben der Wassermühle die wichtigste Antriebsmaschine des vorindustriellen Europa dar. Bis Mitte des 19. Jahrhunderts wuchs die wirtschaftliche Bedeutung der Windkraft in der Müllerei und in Sägewerken. Mit der Erfindung der Dampfmaschine verlor die Windmühle an Bedeutung.

Erst seit den Energiekrisen der 1970er und 80er Jahre wurde in die Forschung von stromerzeugenden Windkraftwerken investiert. Aus den Windmühlen sind heute moderne Windturbinen geworden, die rund 1,5 – aber auch bis zu 4,5 – Megawatt (MW) Strom produzieren und Rotorendurchmesser von bis zu 110 m aufweisen. Aufgrund der wechselnden Windgeschwindigkeiten liegt die konkrete mittlere jährliche Leistung bei lediglich 20–30 % der Nennleistung. Moderne Anlagen beginnen ab einer Windgeschwindigkeit von drei Metern pro Sekunde mit der Stromproduktion. Im besten Fall liefern Windkraftanlagen schon in den ersten drei Monaten die Energie, die für ihre Herstellung und ihren Aufbau erforderlich war. Wegen der für erneuerbare Energien niedrigen Kosten wird weltweit ein rascher Anstieg der Windenergienutzung erwartet. 2005 waren weltweit Anlagen mit einer Kapazität von 58.000 MW installiert. Sie können rund 1 % des weltweiten Strombedarfes decken.

Die Zukunft der Windenergienutzung in Deutschland liegt auf dem Meer, also »offshore«. Die Vorteile sind vielfältig: Der Wind weht über dem Meer beständiger als an der Küste; die Stromausbeute über das Jahr dürfte etwa 40 % höher liegen. Zugleich werden hier besonders große und leistungsstarke Anlagen eingesetzt. Das Bundesumweltministerium geht davon aus, dass in den kommenden drei Jahrzehnten etwa 5.000 Windräder in Nord- und Ostsee errichtet werden könnten, die dann 15 bis 20 % unseres Strombedarfs abdecken würden. Zusammen mit den Anlagen an Land – die nicht mehr in ihrer Anzahl, wohl aber in ih-

Hässliche Spargel?
Vor allem in dicht besiedelten Gebieten wie Deutschland sind dem Ausbau der Windkraftanlagen Grenzen gesetzt. Die Anlagen können die Umwelt durch Schallemissionen belasten und müssen daher einen Mindestabstand zu Siedlungen einhalten.

rer Leistung wachsen werden – würde die Windenergie dann annähernd so viel leisten wie heute die Atomkraft.

Doch die Offshore-Technik ist nicht unumstritten. Vogelschützer befürchten, dass Seevögel von ihren Brut- und Überwinterungsräumen vertrieben werden oder in den Rotoren umkommen. Der Aufwand für Konstruktion, Sicherung und Wartung der Anlagen ist zudem enorm. Die Windräder müssen weitaus zuverlässiger funktionieren als an Land, da sie etwa bei rauen Witterungsbedingungen kaum erreichbar wären. Der Transport der Energie an Land muss zudem über teure Unterseekabel erfolgen.

Fließwasserkraft

Die Kraft des Wassers machen sich die Menschen seit vielen tausend Jahren zu Nutze. Schon die alten Kulturen in China, am Indus, in Mesopotamien und die Römer haben mit Wasserrädern Wasser geschöpft oder Getreidemühlen und Sägewerke angetrieben. Strom kann man seit 1880 aus Wasserkraft gewinnen.

Ein Fünftel des gesamten Energiebedarfs der Erde wird durch Fließwasserkraft gedeckt; einen Großteil dieser Leistung erzeugen weltweit etwa 45.000 Großdämme. China stellt mit ungefähr 20.000 Staudämmen das Zentrum der Dammbauindustrie dar. Dann folgen die USA sowie Russland und Norwegen.

Auch wenn sich die Technik im Lauf der Jahrhunderte verändert hat, das Prinzip ist heute noch dasselbe wie vor 2000 Jahren: Die Energie einer Wasserströmung treibt über ein Turbinenrad Generatoren an, die Strom erzeugen. Die erzeugbare Energiemenge hängt in erster Linie von der Abflussmenge und der Höhendifferenz ab.

Laufwasserkraftwerke nutzen die Strömung eines Flusses oder Kanals, der hinter einer Wehranlage aufgestaut ist. Speicherkraftwerke nutzen die Speicherkapazität von hoch gelegenen Staubecken und das große Gefälle zu einem tiefer gelegenen Krafthaus zur Stromerzeugung. In Stauseen wird das Wasser in Zeiten großer Zuflüsse, wie zum Beispiel während der Schneeschmelze, gespeichert und durch Staumauern oder -dämme zurückgehalten. Pumpspeicherkraftwerke dienen der Energiespeicherung und dem Ausgleich von Stromerzeugungs- und Verbrauchsschwankungen. In Zeiten geringen Strombedarfs wird Wasser unter Energieverbrauch gegen das Gefälle in Speicherbecken gepumpt. Strom aus Pumpspeicherkraftwerken ist daher nicht direkt den regenerativen Energien zuzuordnen.

Obwohl Wasserkraft als sehr umweltfreundliche Form der Energieerzeugung gilt, hat sie einige Nach-

Land unter
Ein berühmtes Beispiel für die kulturellen und sozialen Nebenwirkungen von Wasserkraftprojekten: Der aus dem Reschenpass-See ragende Kirchturm ist Zeuge des Untergangs der Schweizer Dörfer Graun und Reschen bei der Flutung des Stausees.

teile für die Umwelt: Oft wird massiv in die Flussbetten und die natürliche Dynamik der Gewässer eingegriffen; Fische werden bei ihrer Wanderung behindert. Vor allem Großprojekte haben oft gravierende negative Seiten, wie die Zerstörung von Eigentum, Kulturgütern, landwirtschaftlicher Fläche und Fischgründen sowie Zwangsumsiedlungen (vgl. S. 72/73).

Meerwasserkraft

Die Kraft des Wassers lässt sich auch im Meer für die Energiegewinnung nutzen. Gezeitenkraftwerke nutzen den Höhenunterschied des Wasserstandes zwischen Ebbe und Flut. Sie können nur in Strommündungen und an Meeresküsten errichtet werden, an denen der Tidenhub mehr als 6 m beträgt und wo sich mit einem Deich eine Bucht abdämmen lässt. Standorte sind etwa die französische Kanalküste, die Küsten des Weißen und des Ochotskischen Meeres in Russland, bestimmte Küsten Alaskas, Argentiniens, Kanadas und Australiens. Erste Kraftwerke gibt es in Frankreich in der Bretagne, in Russland an der Barentsee und in Neuschottland in Kanada.

Größeres Potenzial steckt in der Nutzung der Meeresströmungen. Strömungen entstehen durch Tempe-

Energie aus Meeresströmungen
Zwei Kilometer vor der britischen Westküste in North Devon befindet sich in 20 Metern Tiefe der Prototyp eines Unterwasserkraftwerks, das Seaflow-Projekt. Mit einer Turbine, die einer Windkraftanlage gleicht, wird unter der Meeresoberfläche durch die Gezeitenströmung elektrische Energie erzeugt.

raturdifferenzen wie beim Golfstrom oder durch unterschiedliche Salzkonzentrationen. Unterwasserturbinen wandeln die Meeresströmungen in elektrischen Strom um. Aufgrund der hohen Dichte von Wasser ist bei gleicher Strömungsgeschwindigkeit die Leistung einer Wasserströmung rund tausendmal so hoch wie bei einer Luftströmung. Frei umströmte Turbinen können an zahlreichen Standorten eingesetzt werden und beeinflussen die Umwelt nur in geringem Maße. Ein Kraftwerk läuft bereits im norwegischen Kvalsund-Kanal, zwei Prototypen werden zwischen Italien und Sizilien getestet, einer vor der Westküste Großbritanniens.

Zu nennen wäre schließlich die Wellenkraft. Einer Studie zufolge könnten bis zu einem Drittel des Energiebedarfes von Irland und Großbritannien durch küstennahe Wellenkraftwerke gedeckt werden. Solche Anlagen haben den Nachteil, dass die Stromproduktion witterungsabhängig und damit weniger planbar ist und die Anlagen sehr stabil konstruiert sein müssen. Ein erstes Wellenkraftwerk ist seit 2000 auf der schottischen Insel Islay in Betrieb.

Biomasse und Biogas

Die Verbrennung von Biomasse ist die älteste Form der Energiegewinnung der Menschheit. Biomasse wird von Pflanzen mit Hilfe des Sonnenlichts über Photosynthese aus dem Kohlendioxid der Luft aufgebaut.

Die Verbrennung von Biomasse ist CO_2-neutral, läuft aber nicht ohne Emission von Schadstoffen ab, da Biomasse nicht nur aus Kohlenstoff besteht. Holz oder Stroh werden direkt verbrannt oder zuvor vergast, vorwiegend um Wärme zu gewinnen. Biomasse ist im Gegensatz zu anderen regenerativen Energiequellen

Raps macht mobil
Aufgrund des hohen Ölgehalts der Samen wird Raps nicht nur als Speiseöl, sondern verstärkt auch als Biokraftstoff verwendet.

Biogasanlage
Würden alle in Deutschland anfallenden geeigneten biologischen Reststoffe zu Biogas umgesetzt werden, ließen sich 11 % des Erdgasverbrauches ersetzen.

speicherbar und kann so je nach Bedarf eingesetzt werden.

Sorgen Mikroorganismen für die Zersetzung der Biomasse, entsteht Wärme. Deren Nutzung ist aber unüblich. Für die technische Nutzung interessanter sind Vorgänge, bei denen Biogas entsteht. Wie Erdgas besteht auch Biogas hauptsächlich aus Methan (CH_4). Wirtschaftlich relevant ist die Biogasgewinnung aus landwirtschaftlichen Abfällen, vor allem aus der Viehhaltung. Zur energetischen Biogasnutzung werden die feuchten Biomassen, wie Gülle, Biomüll oder Abfälle aus der Lebensmittelindustrie, in einem Faulbehälter durch Bakterien vergoren. Das entstehende Gas wird aufgefangen und in kontinuierlich arbeitende Blockheizkraftwerke zur Produktion von Wärme und Strom abgegeben. Die Gärrückstände werden im landwirtschaftlichen Kreislauf als Dünger verwendet.

Die spezielle Erzeugung und Nutzung von Biomasse speziell für energetische Zwecke befindet sich hierzulande noch in der Anfangsphase, wird aber zukünftig weiter an Bedeutung gewinnen. Die Nutzung von Pflanzen, um Treibstoffe für den Verkehr zu gewinnen, wird bereits seit Jahren staatlich gefördert. Der Anbau von Bioenergiepflanzen löst jedoch Konflikte mit dem Naturschutz aus, wenn er in intensiver Landwirtschaft erfolgt oder mit anderen Nutzungen in Konkurrenz tritt.

Geothermie

Im Erdinneren herrschen enorme Temperaturen von bis zu 6.000 Grad Celsius. Vulkane, heiße Quellen und Geysire sind Zeugen dieser Hitze. Die Wärme, die vom schmelzflüssigen Kern im Erdinneren an die Erdoberfläche dringt, bezeichnet man als Geothermie oder Erdwärme. Dabei werden sowohl die auf dem Weg nach oben liegenden Gesteins- und Erdschichten als auch die ausgedehnten unterirdischen Wasserreservoirs erhitzt.

Die Erdwärme wird seit über 10.000 Jahren genutzt. Unsere Vorfahren haben vermutlich das warme Wasser zum Kochen, Baden und Heizen verwendet. Die Wärme lässt sich heute unmittelbar zur Beheizung und Kühlung von Gebäuden, für industrielle und landwirtschaftliche Zwecke oder zur Meerwasserentsalzung einsetzen.

Für die Stromerzeugung ist die Erdwärme besonders interessant, da sie rund um die Uhr und unabhängig von Jahreszeiten, Wetter oder Klimabedingungen und in unendlicher Menge zur Verfügung steht. Länder wie Island, Neuseeland, die Philippinen, Indonesien, Mexiko und die USA gewinnen bereits Strom aus Geothermie – vor allem dort, wo regelmäßig die Erde bebt und die Erdkruste sehr dünn ist. In Deutschland wird seit

Energie aus der Erde
Wo es dampft und blubbert, wie hier in Island, steigt heißes Wasser an die Erdoberfläche, das sich zum Heizen, aber auch zur Stromerzeugung nutzen lässt. Durch Bohrungen kann die Erdenergie aber auch in mehreren Kilometern Tiefe angezapft werden, wie beim größten deutschen Projekt in Offenbach oder in Unterhaching bei München, wo in 3.350 m Tiefe 122 Grad heißes Wasser gefunden wurde.

November 2003 in Neustadt/Glewe (Mecklenburg-
Vorpommern) Strom aus Erdwärme erzeugt. Weitere
Projekte sind in der Umsetzung, es gibt rund 100 Auf-
suchungsfelder für die geothermische Stromversorgung.

Energie sparen und effizient nutzen

Wenn die Volkswirtschaften der Schwellen- und Entwicklungsländer den heutigen Lebens- und Konsumstil
der Industriestaaten übernehmen, wird sich der globale CO_2-Ausstoß möglicherweise verdreifachen – mit
weit reichenden Konsequenzen für das Weltklima.
Auch Öl- und Gasvorkommen gehen dann noch viel
rascher zur Neige, als wir heute glauben.

Energie in Gebäuden

Erhebliche Energiemengen werden durch schlecht gedämmte
Häuser verschwendet. Durch einen hohen Dämmstandard, moderne Heizungs- und Warmwassertechnik und mit einer effek-
tiven Nutzung des Sonnenlichts lässt sich der Wärmebedarf
von Gebäuden um bis zu 70 % senken.

Während Gebäude im aktuellen Bestand jährlich über 200 Kilowattstunden Energie pro Quadratmeter und Jahr ($kWh/m^2/a$)
allein zum Heizen benötigen, kommen heutige Neubauten
im Schnitt mit der Hälfte aus. Wenn sie weniger als 70 kWh/
m^2/a verbrauchen, dürfen sie sich Niedrigenergiehäuser nennen.

Einen Schritt weiter gehen die Passivhäuser, bei denen der
Heizwärmebedarf nicht über 15 $kWh/m^2/a$ liegen soll. Der
Name leitet sich davon ab, dass im Wesentlichen die passive
Nutzung der vorhandenen Wärme aus der Sonneneinstrahlung
durch die Fenster sowie der Wärmeabgabe von Geräten und
Bewohnern ausreicht, um das Gebäude auf angenehmen In-
nentemperaturen zu halten. Entscheidend ist eine hoch wär-
megedämmte Gebäudehülle, eine kompakte Bauweise mit viel
Raum bei wenig Außenwand, eine hochwertige Verglasung und
die Wärmerückgewinnung. Um den Gesamtenergiebedarf möglichst gering zu halten, sieht der Passivhausstandard zudem
vor, dass auch der Strombedarf für Elektrogeräte und Be-
leuchtung durch effiziente Technik minimiert wird.

Zum dezentralen Energieproduzenten werden die Plusenergie-
häuser. Nämlich dann, wenn sie mehr Energie erzeugen, als
durch ihre Bewohner verbraucht wird. Bislang wird dies vor
allem durch den Einsatz von Photovoltaik-Anlagen erreicht.
Der überschüssige Strom des Plusenergiehauses geht ins
Netz.

Parallel zum Ausbau der erneuerbaren Energieträger muss daher die Effizienz der Energiegewinnung und -nutzung deutlich erhöht werden. Das bedeutet, dass aus der gleichen Energiemenge mehr Nutzen bzw. Leistung gezogen werden muss. Dazu bedarf es ständiger technischer Weiterentwicklung. Um ausreichend Wirkung zu entfalten, sind alte Kraftwerke, Heizungsanlagen, Maschinen, Geräte, Antriebe, Leuchtmittel allerdings regelmäßig gegen neue auszutauschen oder umzurüsten. Von besonderer Bedeutung sind Investitionen in die neue Technik beim Infrastrukturaufbau in Entwicklungs- und Schwellenländern, denn hier werden in aller Regel für Jahrzehnte Strukturen festgelegt.

Ein größeres ökologische Potenzial als Neubauten hat die Sanierung des Wohnungsbestandes. Rund 80 % aller Wohngebäude in Deutschland wurden vor 1979 erbaut und weisen deutlich schlechtere Energiebilanzen auf als Neubauten. Durch energetisches Sanieren und den Einsatz moderner Gebäudetechnik können diese Gebäude Energie-Standards erreichen, die denen vergleichbarer Neubauten nicht nachstehen. Der Heizwärmebedarf lässt sich so halbieren oder gar dritteln.

Der in Holzrahmenbauweise als Passivhaus erstellte Kindergarten in der Gemeinde Dörpen im Emsland verbraucht im Vergleich zu einem konventionellen Neubau 75 % weniger Heizenergie. Dazu tragen unter anderem eine 30 cm dicke Wärmedämmung der Außenwände, Fußböden und des Daches, eine dreifache Verglasung der Fenster und eine Lüftungsanlage bei, die ständig für die richtige Frischluftzufuhr sorgt. Das Gebäude beheizt sich in der kalten Jahreszeit nahezu ausschließlich durch die Sonneneinstrahlung über die Fenster und die interne Wärmegewinnung aus Abluft.

Einen wichtigen Teil können dezentrale Energiesysteme beitragen. Sie sparen gegenüber einer zentralen Energieversorgung mit hohen Umwandlungs- und Transportverlusten große Mengen Primärenergie ein. Von besonderem Interesse ist dabei neben Sonnenenergiesystemen die Kraft-Wärme-Kopplung. Hier wird bei der Energieerzeugung sowohl der Strom als auch die frei werdende Wärme genutzt. Im Vergleich mit der getrennten Produktion von Strom und Wärme können so genannte Blockheizkraftwerke bis zu 45 % Primärenergie einsparen. Dank ihrer variablen Größe können sie sowohl im gewerblichen Bereich, in Wohnhäusern als auch als dezentrale Großkraftwerke eingesetzt werden. Die Kraft-Wärme-Kopplung funktioniert mit allen Energieträgern.

Für die öffentliche Hand, Unternehmen und private Hausbesitzer wird das Konzept des Energiespar-Contracting zunehmend interessant. Ein außenstehender

Investor – Contractor genannt – führt in einem Gebäude Investitionen und Maßnahmen zur Energieeinsparung oder auch die Errichtung eines Blockheizkraftwerkes durch. Seine Aufwendungen lässt er sich durch den Erfolg der Einsparmaßnahmen, also über die eingesparten Energiekosten des Gebäudes, vergüten. Der Gebäudeeigner muss nicht investieren, trägt kein Risiko und ist dennoch am Erfolg der Einsparmaßnahme beteiligt, weil seine Aufwendungen für die Energieversorgung sinken.

Wirklich aus?
Zahlreiche Elektrogeräte sind den ganzen Tag in Betrieb und lassen sich oft gar nicht mehr richtig ausschalten, ohne den Stecker zu ziehen. Viele verbrauchen während ihrer langen Stand-by-Phasen mehr Strom als während der eigentlichen Nutzung – je nach Geräteausstattung sind das dauerhaft zwischen 50 und 100 Watt pro Haushalt. Der Stand-by-Betrieb ist damit für rund 5 % des deutschen Stromverbrauches verantwortlich. Das Motiv ist Teil einer erfolgreichen Anti-Stand-by-Kampagne der Energiestiftung Schleswig-Holstein.

Siedlungen und Verkehr: die Flächenfresser

Wie kaum eine andere menschliche Nutzung greifen Siedlungen mit ihren Gebäuden, Verkehrswegen und Infrastruktureinrichtungen in Landschaft und Naturhaushalt ein. Der Mensch importiert Wasser, Energie und Rohstoffe aus dem Umland in die Siedlungen, wo durch ihren Verbrauch Abgase, Abfälle, Abwasser und Lärm entstehen.

Die ökologischen Probleme von Siedlungen sind vor allem in Städten zu spüren: allem voran die Verdichtung und Versiegelung des Bodens, Lärm sowie die starke Luftbelastung mit Emissionen aus Heizungen und Verkehr wie Kohlenmonoxid, Ruß, Stickoxiden und deren Folgeprodukt Ozon. In vielen Städten der Welt treten Probleme durch Abfall und Abwasser auf sowie bei der Versorgung mit Trinkwasser.

Um Gebäude zu errichten, werden allein in Deutschland jährlich 500 Millionen Tonnen Sand, Kies und Naturstein eingesetzt. Die Gebäudenutzung verursacht im weitesten Sinne etwa 45 % der klimarelevanten Emissionen; Bauschutt macht über die Hälfte des gesamten Abfallaufkommens aus.

Verstädterung und Zersiedelung weltweit

Die Welt wird zunehmend städtischer. Ende 2005 lebte bereits die Hälfte der 6,5 Milliarden Erdenbürger in Städten. Und die Verstädterung geht weiter. Den Groß-

Smog
Über vielen Großstädten bildet die Luftverschmutzung eine sichtbare Smog-Glocke. In warmen Monaten tritt in vielen Städten Photosmog (Sommersmog) auf, die einfallende UV-Strahlung in Verbindung mit Stickoxiden, Kohlenmonoxid und Kohlenwasserstoffen zu erhöhten Konzentrationen an Ozon und anderen reizenden und gesundheitsschädlichen Stoffen führt.

Versiegelung
In Siedlungsgebieten beschleunigt die Versiegelung des Bodens durch Gebäude und Straßen, Wege und Plätze den Abfluss der Niederschläge. In Städten fließen sie zu 80 % oberirdisch ab. Dies reduziert die Grundwasserbildung und Bodendurchfeuchtung und begünstigt durch den schnellen Abfluss Hochwasser. Die Versiegelung ist verantwortlich für die höheren Temperaturen, die geringe Luftfeuchte und somit das schlechtere Mikroklima der Städte

teil des Bevölkerungszuwachses der nächsten 25 Jahre werden die Städte der Schwellen- und Entwicklungsländer verzeichnen. Die bereits 400 Millionenstädte werden weiter wachsen und auch deren Anzahl insgesamt wird zunehmen, doch die Bevölkerungsabteilung der Vereinten Nationen schätzt, dass sich der Löwenanteil des urbanen Bevölkerungswachstums der nächsten 15 Jahre auf Städte mit weniger als einer halben Million Einwohner konzentrieren wird.

Auch in Deutschland, wo die Bevölkerung seit einigen Jahren abnimmt, hält das flächenmäßige Wachstum der Siedlungs- und Verkehrsflächen an. Städte als verdichtete Räume mit eindeutigen Grenzen – zu früheren Zeiten ein eindeutiges Merkmal der Urbanität – gibt es kaum noch. Die Städte lösen sich auf, sie werden zu Stadtregionen. Ihr Wachstum erfolgt flächenhaft und zumeist unkontrolliert; man spricht von Zersiedelung: Im Umland entstehen Industrie- und Gewerbestandorte, Großprojekte wie Mülldeponien, Kläranlagen, Autobahnkreuze oder Flughäfen. In den 1970er Jahren wurde Wohnen im Grünen außerhalb der Stadt auch in Europa zum Trend, das sogenannte Los-Angeles-Syndrom. Die Folgen dieser Suburbanisierung sind unübersehbar: hoher Flächenverbrauch, wachsendes Verkehrsaufkommen, zunehmende Umweltbelastung und sterbende Innenstädte.

In Deutschland nahmen Ende des Jahres 2002 Siedlungsflächen rund 6,2 % und Verkehrsflächen rund 4,8 % der Gesamtfläche ein. Diese Fläche wuchs Ende des 20. Jahrhunderts pro Tag um gut 130 ha, meist zu Lasten landwirtschaftlich genutzter Flächen. 2005 ist das Wachstum aufgrund der schlechten wirtschaftlichen Lage auf rund 105 ha täglich gesunken. Mehr als 80 % dieses Zuwachses kamen einer Erweiterung der Siedlungsflächen zugute. Dabei dominierte die Wohnnutzung mit einem Schwerpunkt bei Ein- und Zweifamilienhäusern, mit einem entsprechend hohen

Zersiedelung
Ein flächenhaftes, zumeist unkontrolliertes Wachstum von Siedlungen führt weltweit zur Zersiedelung der Landschaft. Die Flächenausdehnung wird meist durch Straßenbau vorangetrieben. Mit Bebauungsplänen, die Bebauung nur in bestimmten Gebieten vorsehen, wird versucht, den Landschaftsverbrauch aufzuhalten.

Flächenrecycling
Auf dem Gelände einer ehemaligen Kaserne im Stadtgebiet Augsburgs entsteht ein neuer Stadtteil mit individueller Wohnbebauung. So wird das Wohnen im Eigenheim ohne neue Flächeninanspruchnahme möglich – mit allen Vorteilen städtischen Wohnens.

Ungesunde Verhältnisse
Armut und Landflucht sind die Ursachen für ungeplante und oft ungenügende Wohnverhältnisse.

Flächen- und Materialverbrauch pro Person. Die Pro-Kopf-Wohnfläche hat damit durchschnittlich fast 45 m² pro Kopf erreicht. Politisch wurde diese Entwicklung in Deutschland durch die 2006 abgeschaffte Eigenheimzulage unterstützt.

Während neue Bauvorhaben wie Gewerbegebiete und Einkaufszentren vorrangig auf bisher unbebauter Fläche (auf der »grünen Wiese«) realisiert werden, liegen zugleich allein in deutschen Ballungsräumen über 40.000 Hektar ehemals genutzter Fläche brach.

Für einige Regionen der Welt sind nach Ansicht vieler Experten die Chancen für eine nachhaltige Stadtentwicklung im Wandel von der Industrie- zur Dienstleistungsgesellschaft groß. Mit der Stilllegung von Industrieanlagen werden Flächen frei, die den Städten für neue Nutzungen zur Verfügung stehen. Und die neuen Dienstleistungen sind längst nicht so flächenintensiv und vor allem ökologisch verträglicher. Die Zukunft der europäischen Stadt liegt daher nicht in der Stadterweiterung, sondern in der Erneuerung und Modernisierung der bestehenden Stadt. Dies ist von besonderer Bedeutung, da in den Industrieländern die Bevölkerung schrumpft.

Ein Blick auf die Entwicklungen in anderen Weltregionen relativiert die Probleme europäischer Städte. In Ländern wie Indien und China werden die Städte derart rasant wachsen, dass die Folgen noch nicht absehbar sind. Die Infrastruktur steht vor enormen

Nachhaltige Stadtentwicklung

Betrachtet man die Hauptprobleme im Siedlungs- und Verkehrsbereich, so stechen drei Aspekte deutlich heraus: der Flächenverbrauch, der Energieverbrauch und die Verkehrsbelastung.

Den Flächenverbrauch zu reduzieren ist das Hauptziel einer Wiederverdichtung der Städte, die Brachflächen nutzt. Wenn Wohnungen, Arbeitsplätze, Geschäfte und Freizeitmöglichkeiten stärker gemischt werden, werden die Wege kürzer, das Auto weniger wichtig und die Städte attraktiver. Weitere Umfeldverbesserungen sind durch Dach-, Fassaden- und Hofbegrünung möglich. Attraktive Städte können den Trend zum Wohnen in den Umlandgemeinden aufhalten und die weitere Zersiedelung stoppen.

Aus Alt mach Neu

Es muss nicht immer ein Neubau sein: Ein über 40 Jahre alter Plattenbau in Lübbenau wurde zu einem modernen, energiesparenden Wohnblock umgebaut. Dank Dämmung, Wärmeschutzverglasung und modernster Haustechnik benötigt das viergeschossige Gebäude rund 70 % weniger Energie als vorher.

Eine Verringerung des individuellen Kraftfahrzeugverkehrs kann nur gelingen, wenn zumindest gleichwertige Alternativen geboten werden. Die öffentlichen Verkehrsmittel müssen daher attraktiver werden, also mehr Komfort, schnellere Fortbewegung und häufige Takte bieten. Vor allem Städte bieten eine Grundvoraussetzung für autofreie oder autoarme Räume, da hier die für ein gut ausgebautes öffentliches Verkehrssystem nötige Bevölkerungsdichte zu finden ist. Als Ergänzung zu den unflexiblen Verkehrsmitteln wie Bussen und Bahnen können individuelle Wegstrecken im Verbund mit Fahrrädern, Rikschas und Taxis organisiert werden. Für längere Reisen bieten sich Leihwagen an, die über Car-Sharing-Organisationen oder Autovermietungen angeboten werden. Entscheidend sind dabei selbstverständlich ein günstiger Preis und die schnelle Verfügbarkeit der Angebote. Ökologisches Bauen bezieht auch die Gestaltung autofreier Wohngebiete mit ein. Es widmet sich aber im Wesentlichen der Einsparung von Heizenergie und der Verwendung von ökologischen Baumaterialien. Traditionelle Baustoffe wie Lehm und Holz ermöglichen ein gesundes Wohnklima, geringe Schadstoffbelastung und teilweise sogar eine bessere Wärmedämmung als viele der modernen Baumaterialien. Mit Hilfe von Regenwassernut-

zung, der erneuten Verwendung von kaum verschmutztem Wasser sowie wasserschonender Sanitärtechnik kann auch der Wasserverbrauch reduziert werden.

Verkehrsverbund

Die ideale Ergänzung des Öffentlichen Verkehrs sind Mietfahrzeuge wie diese Fahrräder. Die Räder können überall in der Stadt angemietet und wieder abgestellt werden. Abgerechnet wird lediglich die Mietdauer.

Herausforderungen. Viele der zuwandernden Menschen leben in ungeplant entstandenen Slums unter völlig mangelhaften baulichen und hygienischen Bedingungen (»Favela-Syndrom«).

Weiteres Verkehrswachstum

Die zunehmende Erschließung des Raumes hat auch dessen Wahrnehmung und Nutzung durch die Bevölkerung verändert. War man früher mit der Postkutsche noch drei Tage von München nach Hamburg unterwegs, sind es jetzt mit dem Zug nur noch wenige Stunden. So lohnt sich auch ein kurzer Besuch.

Parallel zur rasanten Verstädterung der Welt wird auch der Verkehr dramatisch zunehmen. Prognosen gehen davon aus, dass allein die Zahl der Pkw weltweit von heute gut 500 Millionen bis zum Jahr 2030 auf deutlich über 2 Milliarden ansteigen wird. Auch in Deutschland, das weltweit die drittgrößte Kraftfahrzeugdichte der Welt hat, ist eine Sättigung in den nächsten 15 Jahren nicht in Sicht: Der Bestand an Pkw wird hier bis zum Jahr 2020 von heute 44 auf ca. 50 Mio. steigen, das sind etwa 700 Autos auf 1.000 Einwohner. Dazu kommen bereits heute über 2 Millionen

Kein Auskommen möglich
Siedlungs- und Verkehrsflächen verbrauchen die Landschaft nicht nur innerhalb und zwischen Städten, Dörfern oder Gewerbegebieten. Die Zersiedelung treibt die Menschen zur Erholung immer mehr und weiter in relativ unberührte Gebiete. Dort werden die Infrastrukturen nach und nach ausgebaut und weitere Erholungssuchende reisen mit dem Pkw an.

Krafträder und über 2 Millionen Lkw. Und mit der Zahl der Fahrzeuge muss auch die Verkehrsfläche anwachsen: zum Fahren, im Staustehen und Abstellen. Die Politik begegnet dem zunehmenden Verkehrsaufkommen in der Regel mit dem Bau weiterer Straßen – ein Teufelskreis, denn damit vergrößert sich aller Erfahrung nach wiederum das Verkehrsaufkommen.

Bereits heute ist in Europa der Verkehr nach den Haushalten mit einem Viertel der Gesamtemissionen der größte Produzent von CO_2. Und die Verkehrsleistung im Personen- wie im Güterverkehr wird weiter wachsen. Vor allem im Freizeitverkehr und beim Warentransport. Dies bedeutet, dass auch CO_2-Emissionen noch einige Jahre weiter ansteigen werden.

Die Einführung des Katalysators, höhere Kraftstoffqualitäten und bessere Antriebstechniken haben dazu geführt, dass die Luftverschmutzung mit gesundheitsschädlichen Fahrzeugabgasen in den alten Industrieländern in den vergangenen Jahren deutlich gesunken ist. Problematisch ist weiterhin der Rußausstoß durch Dieselmotoren, doch hier zeichnet sich eine Besserung durch die zunehmende Verbreitung von Rußfiltern ab.

Der individualisierte Lebenswandel führt zusammen mit der zunehmenden Motorisierung dazu, dass immer weitere Bevölkerungskreise den PKW bevorzugen. Je geringer die Wohn- und Arbeitsplatzdichte in den Vorstädten oder Umlandgemeinden wird und je mehr Menschen mit dem Auto fahren, desto weniger rechnen sich öffentliche Verkehrsmittel. Deren Streckennetze und Fahrpläne werden zunehmend dünner und Autofahren vergleichsweise noch komfortabler oder oft die einzige Möglichkeit, ein Ziel zu erreichen. Bislang bevorzugen die öffentlichen Infrastrukturinvestitionen den Straßenbau und somit den Individualverkehr deutlich.

So gilt nach wie vor das eigene Auto als Synonym für Mobilität. Schwellen- und

Stillstand

Das Verkehrsaufkommen steigt ungebremst. Das Verkehrswachstum findet hierzulande vor allem in der Freizeit- und Erlebnismobilität statt. Auf den Freizeitverkehr entfällt deshalb mit etwa 54 % der größte Teil der gesamten Pkw-Verkehrsleistung im Bundesgebiet.

Der größte Automarkt der Welt

In China kommen bisher lediglich 9 private Pkw auf 1.000 Personen. Doch der Autobestand wächst rasch: China entwickelt sich vom Fahrradland zum weltweit größten Absatzmarkt für Pkw. Im Jahr 2003 wurden bereits 4,4 Millionen Autos abgesetzt, Vertreter der Autoindustrie rechnen mit einem Absatz von jährlich 20 Millionen Pkw im Jahr 2020. Sollte jeder zehnte Einwohner Chinas ein Auto besitzen, so wären es 130 Millionen. Und schon jetzt herrscht in vielen Städten Stau.

Entwicklungsländer eifern dem westlichen Vorbild nach – mit noch unabsehbaren Folgen für den Treibstoffverbrauch und das Klima.

Dabei schneiden öffentliche Verkehrsmittel in verschiedener Hinsicht ökologisch und ökonomisch gesehen besser ab: Sie sind effizient, da sie über ihre Lebensdauer sehr viel mehr Menschen bewegen, sie verbrauchen pro von einer Person gefahrener Strecke weniger Energie und stoßen entsprechend weniger Schadstoffe aus und verbrauchen deutlich weniger Platz zum Fahren und zum Stehen.

Das einzige problematische öffentliche Verkehrsmittel ist das Flugzeug: Die Flugbewegungen nehmen kontinuierlich zu und mit ihnen der Lärm und die Abgase, die am Boden gesundheitsschädlich und in der Höhe rund dreimal klimaschädigender sind als am Boden. Rund 6 % des Erdöls werden als Kerosin verbrannt. Prognosen gehen bis 2020 von einem weltweiten jährlichen Zuwachs des Luftverkehrs von rund 5 % im Personen- und von über 6 % im Frachtverkehr aus. Wie sogar die Lufthansa schätzt, wird der Flugverkehr noch in diesem Jahrzehnt nahezu 7 % der vom Menschen verursachten Treibhausgase ausstoßen.

Treibstoffe der Zukunft

Der größte Teil des Erdöls wird weltweit als Treibstoff im Verkehr verbraucht. Zugleich sind Straßenfahrzeuge, Flugzeuge und Schiffe fast vollständig auf Erdölprodukte angewiesen. Und es hat derzeit den Anschein, als seien die Potenziale für Alternativen eher begrenzt.

Als Hoffnungsträger gilt Wasserstoff. Brennstoffzellen produzieren aus molekularem Wasserstoff und Sauerstoff Strom und Wärme. Ihre Attraktivität resultiert aus ihrem hohen Wirkungsgrad, außerdem sind sie leise im Betrieb und produzieren keine Emissionen außer Wasser. Allerdings ist Wasserstoff keine Energiequelle, sondern lediglich ein Energiespeicher. Er kann aus Erdgas, Biogas oder Biomasse hergestellt werden, wobei CO_2 freigesetzt wird. Um Wasserstoff aus Wasser herzustellen, wird mehr Energie verbraucht, als letztlich frei wird. Wasserstoff als Energieträger einzusetzen macht also nur Sinn, wenn umweltfreundliche Energie (an einem bestimmten Ort) im Überfluss vorhanden ist. Aller Voraussicht nach werden Otto- und Dieselmotoren noch für lange Zeit die häufigsten Antriebssysteme im Straßenverkehr bleiben, hinzu kommen wenige gasbetriebene Fahrzeuge. Dieselmotoren bieten einigen Spielraum für alternative Treibstoffe aus Biomasse: Werden sie mit minimalem Aufwand umgerüstet, können sie beliebige Pflanzenöle direkt als Treibstoff verwenden. Dies ist bisher allerdings noch die Ausnahme. Bereits weiter verbreitet ist die Nutzung von Biodiesel aus Raps (Rapsölmethylester), zu dessen Herstellung zusätzliche Energie erforderlich ist, sodass die energetische Gesamtbilanz etwas schlechter ausfällt.

Die Friteuse im Tank

Wenige Autobesitzer wählen den direkten Weg: Pflanzenöl als Treibstoff. Das ist relativ preiswert und verursacht außer dem zuvor gebundenen CO_2 und einem leichten Geruch nach Pommesbude keine weiteren Emissionen. Am günstigsten ist es, bereits genutztes Öl wie Frittierfett zu verwenden.

Die ökologische Verträglichkeit eines massenhaften Anbaus von Ölpflanzen für Treibstoffe ist umstritten. Bei intensivem Anbau ist mit hohem Düngemittel- und Maschineneinsatz zu rechnen – mit den entsprechenden Problemen für die Umwelt. Hier liegt ein Vorteil von Alkohol aus Zucker: Auf der gleichen Ackerfläche lässt sich mit Zuckerpflanzen mehr Antriebsenergie gewinnen als mit Ölpflanzen. In Brasilien fuhren Mitte der 1980er Jahre fast 80 % aller neu zugelassenen Autos mit reinem Alkohol – allerdings auf Kosten des Regenwaldes, der abgeholzt wurde, um landwirtschaftliche Flächen zu gewinnen. Heute enthält das Benzin dort 26 % Ethanol. Europäischem Benzin dürfen bisher bis zu 5 % Ethanol beigemischt sein – ein willkommenes Antiklopfmittel für den Motor.

Die effizienteste Maßnahme, um fossile Ressourcen zu schützen und die Emissionen zu begrenzen, ist und bleibt allerdings eine rationelle Energieverwendung – durch leichte Pkw und Lkw mit verbrauchsarmen Motoren, eine weitere Reduktion der Rollwiderstände der Reifen und des Luftwiderstandes. Und natürlich durch weniger Güter- und Personenverkehr auf der Straße und in der Luft.

Mehr und mehr Güterverkehr

Noch stärker als das Aufkommen des Personenverkehrs wächst das des Güterverkehrs. Durch die Öffnung der Staaten des ehemaligen Ostblocks wurde Deutschland zum meistgenutzten Transitland der Verkehrsdrehscheibe Europa. Der Verkehr leistet einen entscheidenden Beitrag zur wirtschaftlichen Entwicklung, insbesondere für den europäischen Binnenmarkt, und einen entscheidenden Beitrag zur Überlastung der Straßen.

Der Gütertransport findet hierzulande zu 70 % per Lkw statt, die Eisenbahnen übernehmen gut 15 und die Binnenschiffe rund 11 %. Der flexible Lkw-Verkehr erfüllt die Anforderungen der Wirtschaft mit ihrer Arbeitsteilung und Spezialisierung an dezentralen, teilweise europaweit verteilten Produktionsstandorten besser als die Bahn.

Obwohl Lkw es auf den Straßen nur auf ein Zehntel der insgesamt gefahrenen Kilometer bringen, stoßen sie mehr Stickoxide und Rußpartikel aus als die gesamte Pkw-Flotte. Der Lkw-Verkehr treibt die Instandhaltungskosten für Straßen und Autobahnen in die Höhe, denn ein einziger Lkw nutzt den Straßenbelag so stark ab wie 160.000 Pkw. Die Kosten des Gütertransports werden allerdings von den Verursachern nur teilweise getragen. Die Steuerzahler zahlen mit: für Infrastruktur, Umweltbelastungen, Unfallrisiken, Staukosten und andere so genannte externe Kosten. Instrumente

Alptraum Alpentransit
Die wenigen Verbindungen über die Alpen sind hoffnungslos überlastet. Im Jahr 2003 rollten über 1,7 Mio. Lkw allein über den Brennerpass in Österreich. Um mehr Frachtgüter auf die Schiene zu bringen, ist ein neuer Brenner-Eisenbahntunnel geplant, doch der bestehende ist noch gar nicht ausgelastet. In der Schweiz ist der Bahnanteil aufgrund der Gewichtsbeschränkung und der Nacht- und Wochenendfahrverbote für Lkw vergleichsweise hoch. Derzeit werden dort zwei neue Bahntunnel durch den Lötschberg und den Gotthard gebohrt.

wie die Lkw-Maut oder die Ökosteuer sind erste Schritte, zu mehr Kostenwahrheit im Verkehr beizutragen und dafür zu sorgen, unsinnige Transporte zu vermeiden, Leerfahrten zu reduzieren, die Transportwege zu verkürzen und mehr Güter auf die Schiene oder das Schiff zu bringen.

Im Vergleich der Gütertransportmittel schneiden Schiffe und die Bahn bezogen auf den Energieverbrauch sehr gut ab. Alte Motoren und der verwendete Treibstoff lassen Motorschiffe jedoch sehr große Mengen Schadstoffe ausstoßen. Auch die Verkehrsinfrastruktur von Bahn und Schiff ist nicht ohne Nebenwirkungen. So stört der Lärm der Güterzüge gerade nachts die Anwohner und die Tierwelt entlang der Bahnstrecken. Für die Verkehrswege der Binnenschifffahrt wird teils sehr massiv in die Flüsse eingegriffen: über Begradigungen, Vertiefungen, Staustufen und Uferbefestigungen. Ein Widerspruch zum Hochwasser- und Naturschutz, sagen Umweltschützer, zumal rund 80 % der transportierten Güter über den Rhein und seine Nebenflüsse befördert würden. Die Binnenschifffahrt ließe sich umweltverträglicher und billiger über eine Anpassung der Schiffe an die Beschaffenheit der Flüsse fördern.

Umstrittener Flussausbau
Milliardeninvestitionen sollen aus Flüssen wie Havel, Donau und Elbe leistungsfähige Wasserschnellstraßen machen. Das Bild zeigt den Rhein bei Köln.

Konsum und Lebensstil:
die Verantwortung des Einzelnen

Jeden Tag entscheiden die Bürger, die seit einigen Jahren gerne als Verbraucher oder Konsumenten bezeichnet werden, wie sie ihr Geld am sinnvollsten ausgeben. Immer wieder gilt es, den Nutzen von Produkten oder Dienstleistungen und deren Kosten zu vergleichen. Die Konsumentscheidungen haben in erster Konsequenz Auswirkungen auf das eigene Wohlbefinden. Daneben sind sie zu einem sehr großen Teil mitverantwortlich für Umweltzerstörung und soziale Verhältnisse, und das häufig in einem globalen Maßstab. Die meisten Probleme auf den Gebieten Energie, Mobilität und Landwirtschaft werden durch die Nachfrage der Verbraucher verursacht.

Unser heutiges Wirtschafts- und Gesellschaftssystem verlangt von den Konsumenten deutlich mehr als noch vor einigen Jahren. Lange Zeit waren Fortschritte in den Bereichen Umwelt und Gesellschaft vor allem Aufgabe der Politik. Wenn Schornsteine zu viel Schadstoffe ausstießen, Industrieabwässer Grundwasser und Boden verunreinigten oder Arbeiter zu Überstunden gezwungen wurden, war der Staat gefragt. Heute zeigt

Ersatzbefriedigung
Shoppen hat sich für viele Menschen zu einem Glücksspender entwickelt. Von der Werbung angeregt kaufen sie Produkte, die sonst keiner vermissen würde. »Da fließen kostbare Ressourcen in eine Flut von Waren, von denen wir viele nicht brauchen«, sagt Konsumforscher Gerhard Scherhorn. Sein Motto »Gut leben statt viel haben!« ist in der bunten Warenwelt nicht angesagt. Zwanzig Prozent der Weltbevölkerung verbrauchen 86 Prozent der weltweiten natürlichen Ressourcen.

Was die Preise sagen

Die Entscheidung für oder gegen Produkte und Dienstleistungen wird in den meisten Fällen vom Preis bestimmt. Doch billig auf der Seite des Produktes heißt auch billig auf der Seite der Produktion. Unter dem Druck der Handelsketten setzen Bauern und Lebensmittelverarbeiter auf Masse und können sich so Tier- und Umweltschutz nicht mehr leisten. Im Kampf um die Märkte unterbieten sich die Produzenten von Kleidung, Haushaltsartikeln und Kommunikations- und Unterhaltungselektronik und nehmen den Verzicht auf Sozial- und Umweltstandards in Kauf. Unzählige Menschen in anderen Teilen der Welt erzeugen die Produkte für unseren Markt unter oft menschenunwürdigen Bedingungen und bei schlechter Bezahlung.

Die Kosten eines Produktes sind meist deutlich höher als der Verkaufspreis. Unberücksichtigt in der Preiskalkulation bleiben die ökologischen, gesundheitlichen und sozialen Folgekosten und Risiken, die mit der Produktion, dem Gebrauch und der Entsorgung eines Produktes verbunden sind. Sie werden nicht vom Hersteller oder Nutzer der Ware getragen, sondern von der Allgemeinheit. Man spricht von der »Externalisierung«, der Auslagerung, der Kosten. Den Schaden trägt die Gesellschaft, wenn mit privatem Konsum verbundene soziale und ökologische Belastungen entstehen, die letztlich (mitunter erst Generationen später) wieder Kosten verursachen. Kosten für die Allgemeinheit entstehen durch Abfälle, Abwässer, Abgase, Flächenverbrauch, Armut, Ungerechtigkeit und so weiter, denn sie verursachen volkswirtschaftliche Folgeprobleme wie verschmutztes Trinkwasser, Krankheiten, Artensterben oder Naturkatastrophen. Beim Straßenverkehr summieren sich beispielsweise die externen Kosten durch Unfälle, Lärmschutz, Gebäudeschäden, Verkehrstote und -verletzte allein in Deutschland auf geschätzte 80 Milliarden Euro jährlich.

Das Problem ist, dass sich der einzelne Konsument und Unternehmer dieser Externalisierung kaum entziehen kann: Ein Unternehmen etwa würde teurer produzieren und dadurch seine Existenz gefährden. Solange sich also die Rahmenbedingungen der Politik und Wirtschaft nicht ändern, wird nachhaltiges Produzieren und Konsumieren diskriminiert. Der Konsument, der neben dem Preis und dem individuellen Nutzen auch auf die soziale und ökologische Verträglichkeit achten soll, ist mit dieser Aufgabe häufig überfordert.

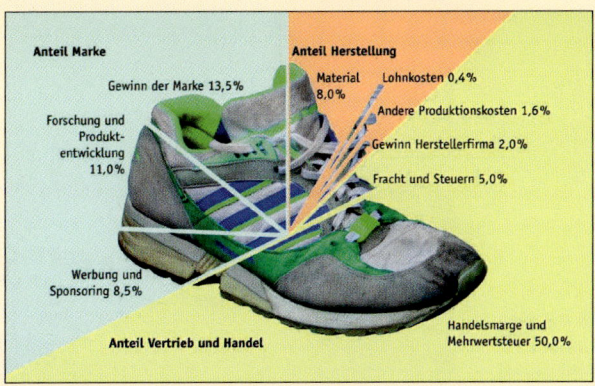

Anteil Marke

Gewinn der Marke 13,5 %

Forschung und Produktentwicklung 11,0 %

Werbung und Sponsoring 8,5 %

Anteil Vertrieb und Handel

Anteil Herstellung

Material 8,0 %

Lohnkosten 0,4 %

Andere Produktionskosten 1,6 %

Gewinn Herstellerfirma 2,0 %

Fracht und Steuern 5,0 %

Handelsmarge und Mehrwertsteuer 50,0 %

Kostenanteile eines Turnschuhs

Die Menschen, die Konsumgüter in den Fabriken herstellen, haben kaum etwas vom internationalen Warenhandel. Bei einem 100 Euro teuren Turnschuh beträgt der Lohnanteil gerade einmal etwa 40 Cent.

sich, dass es eine nachhaltige Entwicklung ohne die
Konsumenten nicht geben kann. Sie fahren immer
mehr Auto, legen sich jedes neue Elektrogerät zu, star-
ten millionenfach mit Billigfliegern in den Urlaub und
kaufen ihre Lebensmittel bei Aldi, Lidl und Co., so billig es nur geht.

Doch gerade die Verantwortung des Verbrauchers ist
besonders schwierig zu vermitteln. Veränderungen im
privaten Konsum lassen sich nur schwer erreichen
und hier einen Bewusstseinswandel zu bewirken, ist
viel anspruchsvoller, als ein Industrieunternehmen
dazu zu bringen, seine Produktionsprozesse umzustel-
len.

Nachhaltiger Konsum

Bezogen auf den Umweltverbrauch konzentrieren
sich die Einflussmöglichkeiten des Einzelnen auf drei
Konsumbereiche: Bauen und Wohnen (einschließlich
Renovieren, Heizen, Geräteausstattung), Mobilität (einschließlich Freizeit und Reisen), Auswahl der Nahrungsmittel. Die Bereiche Textilien, Waschen und Reinigen machen zusammen weniger als 10 % des gesamten Stoff- und unter 3 % des Energieverbrauchs aus.
Gesundheit sowie Hygiene und Körperpflege liegen
noch darunter – die hier möglichen Einsparpotenziale
bewegen sich im Bereich von wenigen Prozenten. Die
letztgenannten Konsumbereiche sind daher ökologisch

Antiquiertes Gewerbe
Früher galt es als spar-
sam, heute ist es fast
ein Luxus, defekte Pro-
dukte reparieren zu las-
sen. Ein traditioneller
Aspekt nachhaltiger Nut-
zung ist somit aus der
Mode gekommen.

Korrekt kaufen
Sicherlich eine Frage des Preises: Nicht jeder kann sich den kompletten Haushalt im Bioladen leisten. Doch wer kann, braucht in den neuen Biosupermärkten keine Berührungsängste zu haben. An der Auswahl mangelt es nicht mehr und an der Qualität gibt es auch nichts auszusetzen.

und politisch weniger bedeutsam, auch wenn etwa die Kleidung wegen ihres lebensqualitäts- und statusprägenden Charakters eine hohe symbolische Bedeutung hat.

Der Konsument kann seinen Konsum auf zweierlei Wegen verändern. Erstens qualitativ, indem er ökologisch und sozialverträglich hergestellte Produkte nachfragt. Und zweitens, indem er weniger energie-, material- und rauminтensiv lebt, also sparsam mit den Ressourcen umgeht und weniger Platz für seine eigene Entfaltung beansprucht. Doch ist Sparsamkeit nicht das alleinige Merkmal nachhaltigen Konsums. Nachhaltig leben heißt gut, gesund und rücksichtsvoll zu leben, den Dingen ihren Wert gewähren, bewusst und vor allem genussvoll konsumieren. Das bedeutet auch, auf Qualität zu achten, nicht jeder Mode nachzulaufen, aber auch nicht jede zu verachten. Das Bessere sollte als der Feind des Guten angesehen werden, nicht das Billigere. Der ehemalige Umweltminister Jürgen Trittin formulierte es so: »Nachhaltiger Konsum heißt nichts anderes als Kaufen mit Köpfchen, denn nachhaltige Produkte und langlebige Güter stehen für mehr Lebensqualität.« Für eine Veränderung der eigenen Konsummuster spricht mitunter der pure Egoismus. Wer den Spritverbrauch reduziert, die Heizung weniger stark aufdreht, die Elektrogeräte nicht ständig anlässt und nicht immer das neueste Handymodell braucht, reduziert seine Ausgaben. Wer Biolebensmittel kauft, nimmt weniger Hormone und Pestizide zu sich. Wer regionale Produkte einkauft, unterstützt die Wirtschaft seiner Region und somit auch den eigenen Arbeitsplatz oder den seiner Familie oder seiner Bekannten. Wer in nachhaltige Geldanlagen investiert, erhält zwar nicht unbedingt eine höhere Rendite, aber meist eine sichere. Und wer Maschinen mit anderen teilt, spart Geld und Verantwortung.

Auf der anderen Seite gibt man im Bioladen mehr Geld aus, kostet eine Reparatur oft mehr als eine Neuanschaffung, verlangt die Solaranlage auf dem Dach Investitionen. Und wer konsequent ist, muss letzten Endes auf einiges verzichten. Eine Reise ist nicht ohne klimaschädliche Emissionen zu haben, eine Orange nicht ohne Bewässerung und Transport, ein Eigenheim nicht ohne Material- und Flächenverbrauch, eine CD nicht ohne Chemie und eine Wunderkerze nicht ohne Gift.

Nachhaltiger Konsum folgt daher keinem eindeutigen Schema, es gibt keine Vorgabe, wie jemand zu leben hat. Auch die Tutzinger Erklärung zur Förderung des nachhaltigen Konsums aus dem Jahr 2000 betont die Vielfalt der Lebensstile. Verbraucher sollen demnach in eigener Verantwortung entscheiden, welchen Anteil nachhaltige Produkte innerhalb des Gesamtkonsums haben sollen.

Und so sieht dann auch die Realität aus: Es gibt wenige Konsumenten, die konsequent die meisten Kaufentscheidungen an Nachhaltigkeits-Kriterien ausrichten. Hingegen steigt die Zahl von »Patchwork-Ökos«, die sich je nach Bedarf, Angebot und finanziellen Möglichkeiten entscheiden. Ensprechend wachsen auch Zahl und Marktanteile von Biosupermärkten mit Sonderangeboten, von Schnellimbissen mit »Health Food«, von fair gehandelten Produkten in Espressobars, von Solarkollektoren auf schicken Eigenheimen und von Drei-Liter-Autos (als Zweitwagen). Wenn nachhaltiges Verhalten in immer mehr Bereichen Einzug hält, desto besser – auch wenn es kleine Schritte sind. Allerdings kommt ein nachhaltiger Lebensstil doch nicht ganz ohne Beschränkung des Konsums aus. Der Kanadier Kalle Lasn, Chef einer Werbeagentur und Mitgründer der kulturkritischen Zeitschrift »Adbusters«, formuliert es so: »Die Leute denken gerne, wenn wir etwas kaufen, helfen wir der Wirtschaft, aber auf die Idee, dass wir gleichzeitig den Planeten zerstören, kommen sie nicht.«

Schwierige Entscheidungen

Nachhaltig konsumieren heißt zunächst, sich über die Folgen des eigenen Konsums bewusst zu werden und Verantwortung für das eigene Handeln zu übernehmen. Es beginnt damit, sich über Produkte und Dienstleistungen zu informieren. Doch das ist nicht immer einfach, manchmal gar unmöglich. Denn wer gibt detailliert Auskunft über Auswirkungen auf die Umwelt oder gar über soziale Umstände bei der Herstellung eines Produktes oder der Erbringung einer Dienstleistung? Die meisten Parameter sind von den Konsumenten nicht abschätzbar und damit auch kaum beeinflussbar.

Häufig sieht sich derjenige, der verantwortungsvoll konsumieren möchte, in einem Konflikt zwischen verschiedenen Dimensionen von Nachhaltigkeit. Gut und schlecht sind nicht immer eindeutig zu definieren. So kann man entweder auf Produkte aus der Region oder auf solche mit Transfair-Siegel setzen, die sozialverträglich in Ländern der Dritten Welt hergestellt sind. Und selbst von Vertretern grüner Parteien kommen verwirrende Botschaften: Soll man Gebrauchsgüter wie Fahrzeuge, Elektrogeräte oder Möbel so lange nutzen wie möglich,

Verantwortung im Trend
Immer mehr Marken der Modebranche beweisen, dass man auch im Mainstream-Markt Verantwortung mit Hipness verbinden kann. Wer bei Hess Natur, dem größten deutschen Versandkaufhaus für umwelt- und sozialverträglich hergestellte Mode, nicht fündig wird, dem öffnet sich zunehmend der internationale Modemarkt. An die wichtige Trend-Zielgruppe der Jugendlichen wendet sich beispielsweise der Jeanshersteller Kuyichi, der nach ökologischen und moralischen Standards produziert.

Wachsamkeit

Es ist nicht leicht, das Verhalten an den Kriterien der Nachhaltigkeit auszurichten. Vor allem aus Bequemlichkeit. Das Wissen um die Zusammenhänge gibt aber ausreichend Motivation. Und da man nie alles verstehen wird, reicht es auch häufig, den gesunden Menschenverstand einzusetzen – dann fällt es gar nicht so schwer, zu bemerken, wenn etwas nicht stimmen kann.

oder ist es Pflicht der Bürger, über Konsum die Wirtschaft zu stärken und Arbeitsplätze zu erhalten?

Nachhaltiger Konsum ist also ein steter, zeitaufwändiger Optimierungsprozess, der auf individueller Abwägung beruht und verschiedene Präferenzen und Konsummuster beinhaltet. Wichtig ist auf jeden Fall eine umfassende produkt- und dienstleistungsbezogene Information für Konsumenten, die ihnen erlaubt, ihre eigenen Prioritäten in nachhaltige Konsumentscheidungen umzusetzen. Insbesondere soziale Informationen zu spezifischen Konsumartikeln sind meist überhaupt nicht verfügbar oder nur mit teils erheblichem Zeitaufwand beschaffbar. Doch auch dann bleibt die Entscheidungskompetenz der Haushalte beschränkt. Sie können zwar durch ihre Nachfrage nach umwelt- und sozialverträglich hergestellten Produkten und Dienstleistungen deren Marktposition stärken, aber nur, wenn diese überhaupt angeboten werden. Unter den gegenwärtigen Bedingungen wird der nachhaltige Markt eine Nische bleiben. Diejenigen, die gezielt umwelt- und sozialverträgliche Produkte kaufen, werden doppelt bestraft: Erstens zahlen sie meist mehr für das Produkt selbst und zweitens sind sie über ihre

Steuern an den Subventionen beteiligt, die für nicht-nachhaltige Produktionsweisen geleistet werden.

Die Bedeutung der jeweiligen Verantwortungsbereiche (Konsumenten auf der einen und Hersteller auf der anderen Seite) wird in der Wissenschaft daher sehr unterschiedlich bewertet. Deutlich wird aber, dass die Diskussion um nachhaltigen Konsum den Einzelnen fordern, aber nicht überfordern darf und keinesfalls die Politik und die Wirtschaft aus ihrer Verantwortung entlasten darf.

Entscheidungshilfen

Verbraucher haben viele Möglichkeiten, ihr Geld umweltschonend und sozialverträglich auszugeben. Entscheidungshilfe bieten die Kennzeichnungen auf den Produkten. Ein Problem ist allerdings deren inflationärer Einsatz. Die Verbraucher in Deutschland treffen beim Einkauf auf weit mehr als 100 Siegel, Labels und Ökozeichen.

Verschiedene Verbraucherorganisationen sowie Umwelt- und Entwicklungsgruppen versuchen im riesigen Angebot der Waren Orientierung zu geben. Die Website www.echtgerecht.de. beispielsweise stellt die wichtigsten Labels und Siegel umwelt- und sozialverträglicher Konsumgüter vor. Das Internetportal www.oeko-fair.de informiert über ökologische und Fair-Trade-Initiativen und will mehr Transparenz im wachsenden Öko-Fair-Markt schaffen. Die Zeitschrift »Ökotest« verrät, was in Waren steckt, wie haltbar und wie teuer sie sind.

Großen Erfolg hat die Kampagne »EcoTopTen«. Die empfohlenen Produkte, die praktisch jeder braucht (unter anderem Haushaltsgeräte, Computer, Heizungsanlagen, Autos), sind nicht unbedingt klassische Ökoprodukte. Wer richtig auswählt, verspricht der Initiator des Projektes, das Öko-Institut, bekommt eine neue Generation von Ökoprodukten und dazu »mehr Ökologie, gute Qualität, verträglichen Preis«.

Dass umwelt- und sozialverträglicher Konsum auch wirtschaftlich erfolgreich sein kann, will der »Nachhaltige Warenkorb« des Rates für Nachhaltige Entwicklung beweisen. Der Warenkorb zeige den Verbrauchern, was heute bereits möglich ist, um nachhaltig einzukaufen. Und: Über seine Kaufentscheidung übe der Verbraucher zudem Druck auf die produzierende Wirtschaft aus, ihre Waren nachhaltiger zu erzeugen.

Von welchen Firmen man lieber keine Produkte erwerben sollte, zeigt das »Schwarzbuch Markenfirmen«. Leider sind fast alle größeren Konzerne darunter. Bekannte und beliebte Weltmarken tolerieren Folter, Sklaverei, unlaubte Medikamentenversuche, Diskriminierung, Tierquälerei, Umweltzerstörung und die Verfolgung von Gewerkschaften und Kritikern. Einen ersten Eindruck gibt die Seite www.markenfirmen.com.

Glossar

Agenda 21
Umwelt- und entwicklungspolitischer Aktionsplan zur Umsetzung nachhaltiger Entwicklung. Als Handlungsanweisung für Regierungen, zur Sicherung einer lebenswerten Welt für heutige und künftige Generationen auf dem Weltgipfel in → Rio 1992 verabschiedet. Auf nationaler und auf kommunaler Ebene erstellte Aktionspläne sollen zur Umsetzung beitragen.

Anthropogen
Vom Menschen verursacht (gr. »anthropos« = Mensch, gr. »genesthai« = entstehen).

Anthroposphäre
Der vom Menschen beeinflusste und bewohnte Raum der Erde.

Artenschutz
Nach dem Bundesnaturschutzgesetz von 2002: Schutz, Erhaltung und Pflege wild lebender bzw. wachsender Tiere und Pflanzen, ihrer Entwicklungsformen (z. B. Larven, Eier), Lebensstätten (Habitate), Lebensräume (Biotope) und Lebensgemeinschaften (Biozönosen) als Teile des ökologischen Gleichgewichts. Unter Schutz stehende Arten dürfen nicht gesammelt, gefangen oder getötet bzw. gepflückt oder ausgegraben werden. Weiterhin ist der Handel mit solchen Arten oder ihren Bestandteilen verboten.

Atmosphäre
Lufthülle der Erde (bis ca. 10 km Höhe: Troposphäre, in der sich das Wettergeschehen abspielt; darüber bis ca. 50 km: Stratosphäre mit der Ozonschicht)

Biodiversität/ Biologische Vielfalt
Der eingedeutschte Begriff für das englische Wort »biodiversity«. Dies ist wiederum zusammengezogen aus »biological diversity« und umfasst die Vielfalt innerhalb der Arten und zwischen den Arten und die Vielfalt der Ökosysteme.

Biogas
Gas, das beim bakteriellen Abbau von organischem Material (Pflanzen, Exkremente) unter Licht- und Luftabschluss entsteht. Das als Energiequelle nutzbare Gas enthält im Wesentlichen Methan (CH_4).

Biologische Ressourcen
Umfassen genetische Ressourcen, Organismen oder Teile davon, Populationen oder einen Bestandteil von Ökosystemen, die einen tatsächlichen oder potenziellen Nutzen oder Wert für die Menschheit haben.

Biomasse
Gesamte durch Tiere und Pflanzen erzeugte organische Substanz.

Bionik
Zusammensetzung aus den Worten »Biologie« und »Technik«. B. untersucht biologische Systeme, um vorbildliche Problemlösungen der Natur bei der Lösung technischer Probleme zu nutzen.

Biosphäre
Der von Lebewesen erfüllte Raum der Erde, von der belebten Schicht der Erdoberfläche (inkl. der Gewässer) bis hin zur unteren Schicht der → Atmosphäre.

Biotechnologie
Technische Nutzbarmachung biologischer Vorgänge. Es lässt sich zwischen alten und neuen B. unterscheiden. Alte B. sind Teil traditioneller Methoden der Lebensmittelherstellung (z. B. Hefegärung bei Brotbacken oder Bierbrauen; Käseherstellung). Neue B., z. B. Fortpflanzungstechniken und Klonen, stehen in engem Zusammenhang zur → Gentechnik.

Biotop
Ein natürlicher Standort bzw. Lebensraum einer Biozönose, also einer Lebensgemeinschaft aus Tieren, Pflanzen und Mikroorganismen. Biotope sind durch eine Mindestgröße und einheitliche Eigenschaften gegenüber ihrer Umgebung abgegrenzt.

Blockheizkraftwerk
Heizkraftwerk, das in Kraft-Wärme-Kopplung Strom und Wärme gleichzeitig erzeugt. Vorteilhaft ist der optimierte Brennstoffeinsatz.

Boden
Die belebte, oberste, wenige mm bis viele m mächtige Schicht der Erdkruste. Er entsteht durch die Gesteinsverwitterung sowie den Zersatz von organischen Rückständen (Humus). In einem Jahr kann sich nur etwa 0,1 mm neuer Boden bilden. Er kann allerdings rasch zerstört werden, vor allem durch Erosion. Die im Boden lebenden Organismen reichen von einer Makrofauna (Säugetiere) über die Mesofauna (Regenwürmer) bis zu Mikrolebewesen (Pilze usw.).

Bodendegradation

Die umfassende Verschlechterung der biologischen, physikalischen und chemischen Beschaffenheit des Bodens.

Brundtland-Bericht

Abschlussbericht (1987) einer Kommission unter Leitung der damaligen Premierministerin von Norwegen, Gro Harlem Brundtland, die von den Vereinten Nationen damit beauftragt war, Vorschläge zu einer langfristig tragfähigen, umweltschonenden Entwicklung im Weltmaßstab zu unterbreiten. Titel: »Our Common Future« (deutsch: »Unsere gemeinsame Zukunft«). Darin wurde erstmals das Leitbild einer »nachhaltigen Entwicklung« formuliert.

Corporate Social Responsibility (CSR)

Ein Konzept, das den Unternehmen als Grundlage dient, auf freiwilliger Basis soziale Belange und Umweltbelange in ihre Unternehmenstätigkeit und in die Wechselbeziehungen mit den Stakeholdern zu integrieren.

Dematerialisierung

Reduktion des Energie- und Ressourcenverbrauchs ohne Einbußen an wirtschaftlicher Leistung und Lebensqualität.

Desertifikation

Prozess, der in ariden, semi-ariden und trockenen subhumiden Gebieten eine Degradation (Verschlechterung) des Bodens bewirkt und damit zur Ausbreitung bzw. Entstehung von wüstenähnlichen Verhältnissen führt.

EcoDesign

Ansatz, bei der Entwicklung, der Produktion, dem Vertrieb, der Verwendung und schließlich der Entsorgung eines Produktes stets die zu erwartenden Auswirkungen auf die Umwelt mit ins Kalkül zu ziehen und deutlich zu verringern.

Effizienz(-strategie)

Verringerung des Ressourcen- oder Umweltverbrauchs pro Produkt oder Dienstleistung.

Emission

Abgabe von Stoffen wie Rauch, Gase, Staub, Abwasser und Gerüchen, aber auch Geräuschen, Erschütterungen, Licht, Wärme und Strahlen an die Umwelt.

Energieeffizienz

Menge an Energie, die zur Produktion eines Gutes bzw. der Bereitstellung einer Dienstleistung mit einem bestimmten ökonomischen Wert benötigt wird. Erhöhung der Energieeffizienz bedeutet, weniger Energie zu verbrauchen, um dieselben ökonomischen Werte zu schaffen.

Entwicklung

Politisches und wirtschaftliches Schlagwort, das auf die (Eigen-)Dynamik, aber auch die Notwendigkeit des fortwährenden Veränderns und Verbesserns in der modernen Welt hinweist. E. bezieht sich daher sowohl auf die industriellen, strukturellen und sozialen Anpassungs- und Erneuerungsprozesse in den hochentwickelten Industriestaaten wie auf die Entwicklungs- (und Aufhol-)Prozesse in den weniger entwickelten Ländern.

Erneuerbare Energieträger

Auch regenerative Energieträger oder -quellen genannt. Sie können nicht verbraucht werden oder wachsen nach und sind damit – nach menschlichem Ermessen – unerschöpflich.

Erosion

Boden- oder Gesteinsabtrag durch Wind, Niederschlag, fließendes Wasser, Eis oder Wellenschlag.

Eutrophierung

Zunahme an Nährstoffen, besonders von Phoshor- und Stickstoffverbindungen, in Gewässern oder Böden.

Evolution

Die stammesgeschichtliche Entwicklung der Lebewesen von einfachen, urtümlichen Formen zu höher entwickelten.

Externe Kosten

Kosten, die nicht auf den Verursacher umgelegt werden, z. B. Umweltbelastungen und dadurch entstehende Kosten, die von der Allgemeinheit getragen werden müssen.

Filter

Technische Anlage zur Entfernung oder Verringerung von umweltrelevanten Emissionen (insbesondere Partikeln). Üblicherweise werden in der Abluftreinigung Elektro-, Gewebe- und Keramikfilter verwendet.

Fossile Energieträger

In der erdgeschichtlichen Vergangenheit aus Pflanzen und Tieren entstandene gasförmige, flüssige oder feste Brennstoffe wie Erdgas, Erdöl, Kohle. Sie werden, da sie in menschlichen Zeiträumen nicht nachgebildet werden, auch als endliche Energieträger bezeichnet.

Gentechnologie
Die Verfahren und Kenntnisse im Bezug auf die Technik zur Untersuchung von Genen sowie Genmanipulation und Genübertragung. Die Anwendungsgebiete werden unterteilt in medizinische (rote) und landwirtschaftliche (grüne) G. (Agro-Gentechnik).

Globalisierung
Nicht einheitlich definierter Begriff, der die Zunahme weltweiter Verflechtung von länderübergreifenden wirtschaftlichen und sozialen Beziehungen bezeichnet.

Grüne Gentechnik
Genauer als Agro-Gentechnik zu bezeichnen: Die Anwendung gentechnischer Verfahren in der Pflanzenzüchtung und die Nutzung gentechnisch veränderter Pflanzen in der Landwirtschaft.

Grüne Revolution
Einführung neuer Sorten von Kulturpflanzen (Reis, Weizen, Mais) in Entwicklungsländern. Höhere Ertragsfähigkeit erfordert intensive Anbauverfahren mit speziellem Saatgut, Bewässerung, Düngung, Pflanzenschutzmitteln. Damit verbunden sind hohe Investitionen, die Bauern oft in tiefe Verschuldung treiben. Führt zusammen mit dem sinkenden Bedarf an Landarbeitern zu erhöhter Armut und Wanderung in die Städte. Zudem Verdrängung lokaler Rassen und Verlust von Genressourcen.

Hydrosphäre
Wasserhülle der Erde, Gesamtheit der irdischen Gewässer einschließlich Eis und Schnee.

Imissionen
Die zu einer bestimmten Zeit an einem bestimmten Ort vorhandenen Luftverunreinigungen.

Johannesburg 2002
10 Jahre nach dem → Rio-Gipfel 1992 fand 2002 der »Weltgipfel für nachhaltige Entwicklung« in Johannesburg statt. Er hat den sperrigen Begriff der Nachhaltigkeit zu Beginn des 21. Jahrhunderts wieder in die Diskussion gebracht.

Klimawandel
Der natürliche Treibhauseffekt wird durch die seit der industriellen Revolution stark ansteigenden CO_2-Emissionen verstärkt. Die Mehrheit der Wissenschaftler ist davon überzeugt, dass unser Klima sich hierdurch bereits verändert hat und weiter verändern wird. Dies wird sich insbesondere in der Verschiebung von Klimazonen, Extremwetterlagen (wie Dürren und Überschwemmungen etc.) äußern.

Kreislaufwirtschaft
Nimmt den Stoffkreislauf der Natur zum Vorbild und versucht durch geschlossenen oder verknüpfte Wirtschaftsprozesse Ressourcen ohne Abfälle und Emission möglichst lange bzw. ökologisch verträglich zu verwenden.

Lithosphäre
Gesteinskruste der Erde

Massentierhaltung
Die konzentrierte Haltung von Tieren in großer Zahl auf engem Raum zur Erzeugung tierischer Nahrungsmittel. Diese Art von Tierhaltung findet unter hohem Aufwand technischer Hilfsmittel und mit möglichst wenig Personal- und Zeitaufwand statt, um möglichst hohe Gewinne zu erwirtschaften. Die Tiere leiden unter den extremen Bedingungen und der nicht artgerechten Haltung.

Materialströme (anthropogene)
Alle vom Menschen aktiv verursachten Bewegungen von Materialien. Im weiteren Sinne auch die Bewegung aller im Wirtschaftsprozess erzeugten Produkte und Nebenprodukte sowie Emissionen, Einleitungen und Abfälle.

Mikroorganismen
Mikroskopisch kleine, einzellige Organismen, beispielsweise Bakterien, Blaualgen und Pilze.

Mischkultur
Mischung mehrerer Baumarten im Waldbau oder mehrerer Gemüsesorten, Kräuter und Gehölze im Gartenbau. Ziel ist, die Anfälligkeit gegenüber Schädlingsbefall zu verringern.

Monokultur
Anbau einer einzigen Pflanzensorte auf einer großen Fläche.

Nachhaltigkeit/ Nachhaltige Entwicklung
Engl. »sustainable development«: Auf der UN-Konferenz in Rio de Janeiro 1992 als Leitbild für Staat, Gesell-

schaft und Unternehmen verankert. Im Deutschen umschrieben als langfristig tragfähige oder auch zukunftsfähige Entwicklung: Eine Entwicklung, die wirtschaftliche, soziale und ökologische Interessen und Anforderungen gleichermaßen berücksichtigt und die Grundlage für langfristiges Wachstum erhält. Gilt als Handlungsprinzip für Staat, Gesellschaft und Unternehmen. Das Anliegen: Zukünftige Generationen nicht ihrer Handlungsmöglichkeiten zu berauben und einen Ausgleich zu schaffen zwischen Industrie- und Entwicklungsländern.

Nachwachsende Rohstoffe

Sammelbegriff für land- und forstwirtschaftlich erzeugte Rohstoffe, die in der industriellen Verarbeitung (für Textilien, Öle, Fette, Farbstoffe, Heilmittel) und als Brennstoff (Energiepflanzen) Verwendung finden. Dazu gehören z. B. Holz, Baumwolle, Flachs, Lein, Raps, Hanf, Kokos, Rübe, Kartoffel, Weizen oder Mais. Auch tierische Rohstoffe wie Wolle und Leder lassen sich im weitesten Sinne zu dieser Kategorie zählen.

Naturschutz

Die Gesamtheit aller Maßnahmen zum Schutz und Erhalt von Tier- und Pflanzenarten, ihren Lebensgemeinschaften (Biotopen, Ökosystemen) und natürlichen Lebensgrundlagen sowie zur Sicherung von Landschaften und Landschaftsteilen unter natürlichen bzw. naturnahen Bedingungen.

Ökoeffizienz

Ziel der Ö. ist es, Ressourcen zu schonen und Schadstoffeinträge zu mindern. Ö. verknüpft Kostenbewusstsein und Umweltverantwortung. Die Prinzipien lauten: Reduktion der Material- und Energieintensität, Reduktion der Verbreitung toxischer Substanzen, Nutzung erneuerbarer Energien und nachwachsender Rohstoffe, Förderung der Recyclingfähigkeit und der Produktlebensdauer, Steigerung des Nutzens je Produkt oder Dienstleistung.

Ökologie

Wissenschaft, die sich mit den Wechselbeziehungen zwischen Organismen, belebter und unbelebter Umwelt befasst.

Ökologischer Landbau

Eine Landbewirtschaftung, die auf chemische Pflanzenschutzmittel und Mineraldünger verzichtet.

Ökonomie

Wirtschaftswissenschaft.

Ökosystem

Dynamischer Komplex einer räumlich abgegrenzten Einheit aus Pflanzen, Tieren und Mikroorganismen sowie deren nicht lebender Umwelt, die in Wechselwirkung stehen.

Organismus

Lebewesen.

Output

Ergebnis von Prozessen: Produkte, Infrastruktur, Emissionen, Einleitungen, Abfälle sowie Dienstleistungen.

Ozon

Giftiges Gas, dessen Moleküle aus drei Sauerstoffatomen bestehen (O_3). Das stratosphärische Ozon, das die Organismen der Erde vor einer zu großen Dosis ultravioletter Strahlung schützt, ist von dem bodennahen Ozon zu unterscheiden. Letzteres entsteht während des Sommers oft in Ballungsgebieten durch photochemische Prozesse in Verbindung mit Stickoxiden und anderen Emissionen aus Verkehr und Industrie.

Ozonloch

Stellen der Ozonschicht, die stark zerstört sind, beispielsweise über der Antarktis. Als Schädiger gelten die Fluorchlorkohlenwasserstoffe. Wird die Ozonschicht zu stark geschädigt, trifft dies auch die Menschen: Hautkrebs und Mutationen werden zunehmen.

Pedosphäre

→ Boden.

Primärenergieträger

Energieträger, die noch keiner Umwandlung unterworfen wurden. Primärenergieträger sind sowohl fossile Brennstoffe wie Stein- und Braunkohle, Erdöl und Erdgas sowie Kernbrennstoffe als auch erneuerbare Energiequellen wie Wasserkraft, Sonnenenergie, Windkraft und Erdwärme.

Produkte

Aller Output von Prozessen, die nicht Reststoffe sind. Produkte (einschließlich Infrastrukturen) können als Vorleistung oder zur Endnutzung Verwendung finden. Sofern Produkte einem Menschen unmittelbar Dienste leisten, spricht man von Dienstleistungen.

Glossar

Recycling
Rückführung von Abfällen in den Stoffkreislauf, d. h. in den Produktions- und Verbrauchskreislauf.

Ressourcen/Rohstoffe
Natürlich vorkommende Stoffe tierischer, pflanzlicher oder mineralischer Herkunft, die dem Menschen als Grundlage für die Herstellung von Produkten oder die Bereitstellung von Dienstleistungen dienen.

Rio 1992
1992 fand in Rio de Janeiro der »Umweltgipfel« der Vereinten Nationen statt. Ziel der Konferenz war ein Aktionsplan, um die Erde künftig nachhaltiger zu bewirtschaften. Umweltpolitische Probleme wurden dabei ebenso behandelt wie drängende Entwicklungsprobleme. Neben einer Deklaration über Umwelt und Entwicklung, der Klima- sowie der Artenschutz-Konvention wurde die → Agenda 21 beschlossen.

Schadstoffe
Stoffe, die aufgrund ihrer chemischen oder physikalischen Wirkung für Mensch und Umwelt schädlich sind. Man unterscheidet zwischen natürlichen S., z. B. von Pilzen gebildeten Giftstoffen und künstlichen, vom Menschen in die Umwelt gebrachten S. wie z. B. Pflanzenschutzmittel, Ruß und Stickoxide. S. können vom Menschen über die Atmung, die Haut oder die Nahrung aufgenommen werden.

Sediment
Ablagerung von Materialien, die durch Wasser, Wind oder Eis zusammengetragen worden sind. S. können locker (Sand, Kies) oder fest (Kalkstein, Sandstein) sein.

Senke
Funktionsbeschreibung einer Einheit der Natur, die als Auffangbecken für Rest- und Schadstoffe fungiert.

Sphäre
Bereich (gr. »spharia« = Kugel).

Standortfaktoren
Einflussgrößen im Naturhaushalt, die auf den konkreten Wohnort/Standort eines Organismus einwirken. Man unterscheidet zwischen abiotischen Faktoren (Boden, Klima, Atmosphäre, Wasser, Licht, Strömung, Salinität, Konzentration an Nährsalzen und anderen chemischen Größen) und biotischen Faktoren (Nahrung, Feinde, Artgenossen).

Stoffstrommanagement
Die Beeinflussung der Materialströme, um den Materialdurchsatz durch die gesamte Wirtschaft zu senken und den Einsatz ökologisch problematischer Stoffe zu verringern.

Sukzession
Die zeitliche Abfolge verschiedener Pflanzengesellschaften am selben Ort. Diese Veränderung schreitet so lange fort, bis ein stabiles Endstadium (Klimax) erreicht ist. In Mitteleuropa ist ist dies in der Regel ein sommergrüner Laubwald.

Symbiose
Das Zusammenleben artverschiedener Organismen, die sich aneinander angepasst haben und sich gegenseitig Nutzen bringen.

Treibhauseffekt
Schlagwort, das die Eigenschaft der Atmosphäre verdeutlicht, einfallendes sichtbares Licht weitgehend durchzulassen, die längerwellige Rückstrahlung aber stärker zu absorbieren. Der natürliche T. hebt die durchschnittliche Erdoberflächentemperatur von -18 °C auf 15 °C. Der anthropogene T. bezeichnet die fortschreitende Anreicherung der Erdatmosphäre mit sog. Klimagasen, vor allem mit Kohlendioxid. Die Folge: Die Durchschnittstemperatur der Erde steigt an.

Umweltchemikalien
Stoffe, die durch menschliches Zutun in die Umwelt gebracht werden oder dort in Mengen oder Konzentrationen auftreten können, die geeignet sind, Lebewesen zu gefährden.

Umweltschutz
Die Gesamtheit aller Regelungen und Maßnahmen zur Sicherung der natürlichen Lebensgrundlagen (Boden, Wasser und Luft) und der Gesundheit aller Organismen (Lebewesen), einschließlich des Menschen. Dazu gehören z. B. Maßnahmen zum Gewässerschutz, Bodenschutz, Immissionsschutz, Strahlenschutz etc.

Urbanisierung
Wachstum und Ausbreitung von Städten und städtischen Lebensweisen.

Register

Register

Bildnachweis

DUMONT SCHNELLKURSE

Peter Göbel Schnellkurs
WETTER UND KLIMA

DUMONT

Thomas P. Weber Schnellkurs
GENFORSCHUNG

DUMONT

Wolfgang Wiedemann Schnellkurs
PSYCHOLOGIE

DUMONT

- Die Vielfalt der Wetterphänomene verstehen: Wie entstehen Blitz und Donner, was ist eine Tiefdruckrinne und welche Bedeutung hat das Azorenhoch?

- »Regnet es am Siebenschläfertag ...« – wie verlässlich sind Bauernregeln und wie erkennt man die Wetterboten in der Natur?

- Die Klimazonen der Erde: tropischer Regenwald und arktisches Eis, Wüsten, Ozeane, Hochgebirge

Von Peter Göbel
192 Seiten mit etwa
180 Abbildungen, Bibliographie und Register
(DuMont Taschenbücher,
Band 544)

- Die umstrittenste Wissenschaft unserer Zeit: was kann sie – was darf sie?

- Von den ersten Experimenten Gregor Mendels bis zur Entschlüsselung des menschlichen Genoms

- Wie funktioniert Vererbung und welche Rolle spielt dabei das Gen? Wie viele Gene hat das menschliche Genom? Welche Möglichkeiten und Gefahren birgt seine Entschlüsselung?

Von Thomas P. Weber
180 Seiten mit 104
Abbildungen, Glossar
und Register
(DuMont Taschenbücher,
Band 527)

- Wie funktioniert unsere Psyche?

- Die Grundmotivationen für menschliches Handeln – Triebe und Instinkte, Verstand und Gefühl, Motivation und Anreiz

- Wer bin ich? Die wichtigsten Persönlichkeitstheorien von Sigmund Freud bis zur Evolutionspsychologie

- Frust, Angst, Stress und andere Störungen und die Möglichkeiten ihrer Behandlung

Von W. Wiedemann
192 Seiten mit etwa 160
Abbildungen, Bibliographie und Register
(DuMont Taschenbücher,
Band 555)